花开不记年

徐红燕——著

[日] 毛利梅园——绘

上海科技教育出版社

与自然相期以花

最初，人类是自然中的一粒微尘，与世间众生一般，以谦卑的态度生存于日月之下沃野之上，遵循自然法则，采野果，衣兽皮，筚路蓝缕，以启山林，于天地间艰难求生。

后来，人类以出众脑力为自己斩开新路，不但与自然万物渐行渐远，且光速告别自己为期漫长的耕织自给时代。然后，科技日新，都市喧嚣，软红万丈，车水马龙，朝九晚五，忙得甚至不知道究竟在忙些什么。

纵然人们常将"生如夏花之灿烂，死如秋叶之静美"之类诗句挂在嘴边，但其实，一叶坠时秋遍界，春风微动一时花，那些四时流转中的花木长新日月闲，似乎已然与人类两不相干了。

走得太快太急，终究会累。一如弗朗索瓦丝·萨冈所说："所有漂泊的人生都梦想着平静、童年、杜鹃花，正如所有平静的人生都幻想伏特加、乐队和醉生梦死。"当生活节奏快到超出负荷，人就会本能地想要慢下来。

毕竟，即使是高居于食物链顶端的人类，终归也不是宇宙之主，而是与鸟兽草木一般无二的大自然里的寄居者，肉身常感沉重，心灵易受创伤，在身心俱疲的时候，总是情不自禁地想要抛却都市浮华，想要告别灰冷的城市建筑，想要去靠近生机盎然的绿色自然，去找一个令身心自由舒畅的所在藏起来。

藏到何处去呢？虽然桃花源未必只是文学幻梦，东篱菊花也不一定潦倒不堪，但对于现代都市人而言，彻底而绝对地退隐田园需要太多的物质硬件支持，难以实现。不过，即便桃源与田园均属不可到达的远方，好在，还有花。

是的，还有花。虽然人类宛如造物主一般赋予了万物姓名，但世间万物却并没有成为人类的臣属。纵然在强势的人类面前，鸟兽草木往往不堪一击，它们却依旧有自己的生命节奏，管人类有无旧时豪情，任自花开花落。同生于山川风月之中，谁又能绝对地判定：人类要比其他生物过得更幸福。

或许，能绝对肯定的只有一个事实：所有的植物都是治愈系。当天昏地暗忙碌一天的人们自数十层高的办公楼降落地面，即便只是一瞥，楼前花坛里的一抹红一丛绿，仍能予人以一丝慰藉。更不要说，当人类找回远祖所擅长的种植技能，自播种开始带大一盆花开成球的矮牵牛，或将半个阳台点化成一个微型花园时，会是怎样的身心愉悦。

如果生命是一场旅行，自然，是人的来处，也是归所。一路繁花，或许才是人类生命旅途中最美的风景。若在辛苦拼杀的日常中倍感疲累，不如与自然相期以花，为花驻足，为花停留，为花不知迷路，为花开而忘却流光。

德芭与彩虹 书店
better world
better life

目　录

群仙晞发知何处

花落花开不记年

窗外茶梅几树斜，薄寒生意已萌芽。

主人不作明朝计，愁绝无因见放花。

〔宋〕刘克庄《九月初十日值宿玉堂七绝》

茶 梅

Camellia sasanqua

山茶科 / 山茶属

此刻，茶梅，

比茶更炽热，

比梅更温柔。

茶梅几树斜

"叶较茶枝更绿，花却似、与梅浑。"诚如词句所言，茶梅之得名，因叶似茶而花如梅。按说，集两者之特点于一身，应青出于蓝而胜于蓝，声名大噪。实则，茶梅在花界地位之微，远低于山茶与梅花，知其名者甚少。偶为人所遇，恐亦常被误认为山茶。

茶梅与山茶，均是山茶属植物，乍看相似，实则差异也明显。身为小灌木的茶梅，叶与花的体形都较山茶更为娇小。最大的差异，是茶梅没有山茶那种花落的壮烈。花凋之际，茶梅一片一片又一片，花瓣依次归尘土，而山茶则冷着脸自枝头一跃而下，整朵坠地。

在日本，古时因混淆山茶与茶梅，误将汉名"山茶花"安在茶梅身上，日语里茶梅写作：山茶花（さざんか），さざん发音Sasanqua，也因此成了茶梅的拉丁学名（*Camellia sasanqua*）。至于真正的山茶花（*Camellia japonica*），日语称为"椿"，意指春天花朵盛放之木，日人常以本国特为山茶花自造一"椿"字而自许，殊不知椿字并非彼国创新，在中国早被仓颉纳入汉字仓库，被庄子赋予恢宏的想象"上古有大椿者，以八千岁为春，八千岁为秋"，其后也已成为一种植物的名字。

三九严寒，晚来天欲雪之际，人聚斗室之内，古时红泥小火炉，今日油汀取暖器，如无绿蚁新醅酒，亦可活火烹茶蕊，瓜子配乌龙。如案头再以一枝茶梅作为茶席清供，茶正暖，花正艳，则冬季无边的清冷寂寞都将化为灰飞。

此刻，茶梅，比茶更炽热，比梅更温柔。

逸品秋海棠

海棠盈盈开素秋，雨晴斜日上帘钩。但凡有点植物学知识的人，读到这一句诗，都会心中暗忖：为何春花海棠在秋季盛开？莫非任性的诗人罔顾植物特性而随意游戏文字？其实此海棠并非盛放于四月的木本西府海棠和垂丝海棠，而是草本植物中华秋海棠。

秋海棠在园艺界颇知名，现今作为绿植出现于城市花坛，但此秋海棠往往非彼中华秋海棠，多为四季秋海棠或丽格海棠，均属海外来客，并非中华土生土产。

中华秋海棠叶大花小，卵心形叶浓绿繁茂，聚伞花序淡粉纤柔。开时，万绿丛中数点粉花黄蕊，"嫩红细点黄心吐，花如泪，叶如翠"，当真是风致楚楚，婉约可怜。或许正因这般娇弱，秋海棠自然而然被人类投射以自身之悲欢离合，成为悲情苦恋派领军花草，古称相思草，又名断肠花。

在传说中与秋海棠产生关联的知名人物，应属陆游唐琬这对悲情夫妻，婚姻不可自主，被迫分袂之际，薄命断肠谁诉与，赠君一盆秋海棠。到得民国时代，鸳鸯蝴蝶派作家秦瘦鸥写爱情小说《秋海棠》，深知秋海棠文化意象的明眼人一看便知：这故事不可能有大团圆结局。

秋海棠这一株相思草，也是诗人余光中吟唱着"给我一张海棠红啊海棠红"时，念及形如秋海棠叶的华夏故土，沸血烧痛的乡愁。

只有秋瑾这样的女子，对着秋海棠这般娇柔的花草，仍能掷地有声："平生不借春光力，几度开来斗晚风？"佳人早逝，梦断香消空断肠；诗人已去，乡愁相思终归土。花木不管人间恨，中华秋海棠仍旧扎根大地，稀疏点缀猩红小，堪佐黄花荐客觞，装点着每一个秋天。

栽植恩深雨露同，一丛浅淡一丛浓。

平生不借春光力，几度开来斗晚风？

〔近代〕秋瑾《秋海棠》

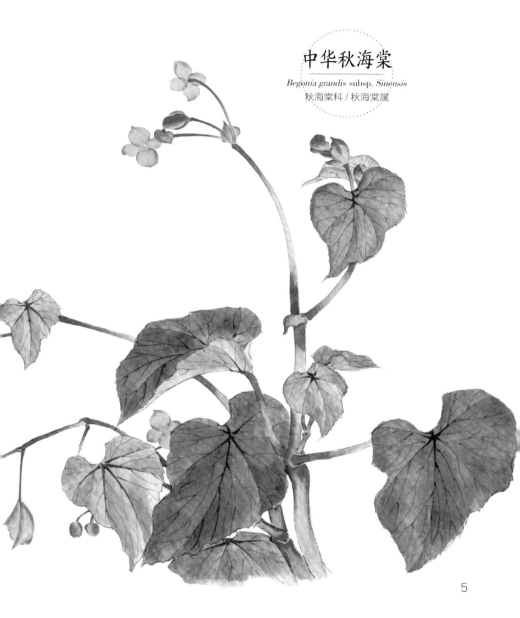

中华秋海棠

Begonia grandis subsp. *Sinensis*

秋海棠科 / 秋海棠属

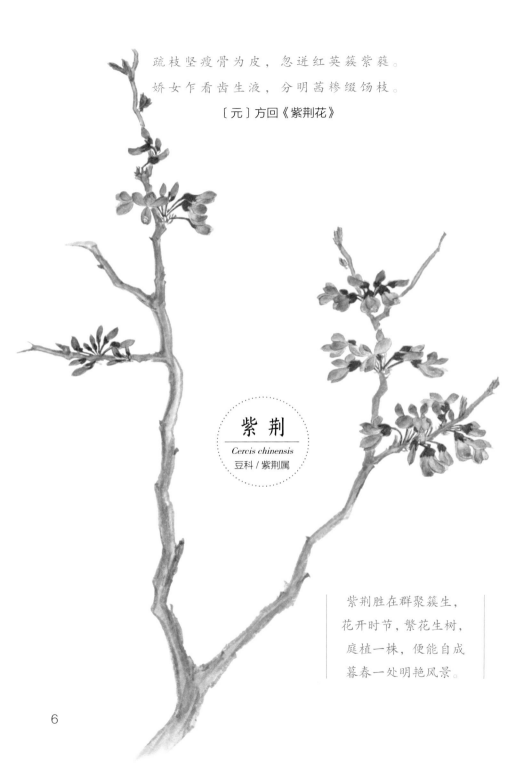

疏枝坚瘦骨为皮，忽逆红英簇紫蕤。

娇女乍看齿生液，分明茜糁缀饧枝。

〔元〕方回《紫荆花》

紫 荆

Cercis chinensis

豆科 / 紫荆属

紫荆胜在群聚簇生，
花开时节，繁花生树，
庭植一株，便能自成
暮春一处明艳风景。

6

风吹紫荆树

提及紫荆花，有人会第一时间想到香港市花。其实后者乃豆科羊蹄甲属植物，学名红花羊蹄甲，别称洋紫荆，与豆科紫荆属植物紫荆完全是两回事。

虽有同名之缘，但紫荆与洋紫荆的花朵完全相异。洋紫荆花大如掌五瓣轮生如兰，掩映绿叶间，盛放于十一月至翌年四月的华南冬春季。紫荆花则宛如石蒜，花叶往往不同行，春四五月，叶未萌，花先放，一树赭灰枯枝上，枝老苍而花鲜艳，一簇簇紫，一团团丹。

紫荆虽单朵花苞细小如米粒，但胜在群聚簇生，花开时节，繁花生树，庭植一株，便能自成暮春一处明艳风景，故自古以来一直是庭院常见花木。

中国花草，十之八九，均身负一段传说。紫荆的故事，见于《续齐谐记》："田广、田真、田庆兄弟三人，欲分财。其夜庭前三荆便枯，兄弟叹之，却合，树还荣茂。"

有此传说为背景，紫荆顺理成章地与因《诗经》"常棣之华，鄂不韡韡，凡今之人，莫如兄弟"一句而成名的常棣（又作"棠棣"）一起，成为手足情深的代言花木，在怀兄忆弟思亲人的诗篇中频频现身。

不过，见紫荆忆兄弟的诗读多了，读到这样的《竹枝词》，反而会耳目一新："临湖门外是侬家，郎若闲时来吃茶。黄土筑墙茅盖屋，门前一树紫荆花。"脱掉手足情深的代言人外衣，田家茅屋前那一树春光，那一派自然天真，才是紫荆花本来的样子。

飞雪映山茶

《天龙八部》第四十七回"为谁开，茶花满路"，王夫人苦心孤诣一路设下山茶花字画填空游戏，意欲捕获花心情郎老段，岂料风流少侠小段一路白吃白喝，把原应由他爹去填的字去补的画都一一代劳，让王夫人喜见情郎的美梦化为山茶花落。

见过山茶花落的瞬间吗？传说，直径超过十厘米的那一朵花形硕大的山茶，将整朵花一气咚地落下，绝不会留下片瓣只蕊在枝头。转身离去时这般的决绝，只有烈焰如火的木棉花能与之媲美。在日本武士文化里，一方面武士们嫌弃山茶花落如头颅坠地，不吉；另一方面，又总以茶花落地的画面，比拟武士拼杀一生的壮烈。

> 虽世人盛赞梅花耐寒，
> 但山茶耐寒力远胜于梅，
> 且比梅早开晚谢。

金庸书中写山茶又名曼陀罗花，其实错了，曼陀罗并非山茶别称。曼陀罗乃毒花，或因山茶花之艳曼陀罗之毒集于王夫人一身，金庸才在虚拟故事里将两个花名并用于一花吧。或许历史上真有某段时期某个地区以曼陀罗树称呼山茶，但从主流称谓来说，古时山茶更通用的别称是海石榴和海榴，有识者切勿以讹传讹。

东园三日两兼风，桃李飘零扫地空。

惟有山茶偏耐久，绿丛又放数枝红。

〔宋〕陆游《山茶一树自冬至清明后著花不已》

　　万蕊山茶傍腊开，一番春信入江梅。虽世人盛赞梅花耐寒，但山茶耐寒力远胜于梅，且比梅早开晚谢。一至四月，从深冬至暮春，山茶花期漫长，叶自经霜碧，花应斗日红，是隆冬寒雪中早春轻寒里最美丽的一抹亮色。莫因花开久，便作寻常看，在一整个冬季的寒冷里，若有闲暇，不妨分与山茶，看着它的柔美与决绝，看着日子慢慢流过。

山茶
Camellia japonica
山茶科／山茶属

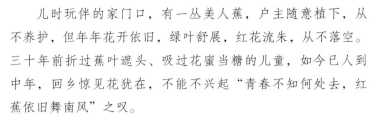

红醉美人蕉

儿时玩伴的家门口，有一丛美人蕉，户主随意植下，从不养护，但年年花开依旧，绿叶舒展，红花流朱，从不落空。三十年前折过蕉叶遮头、吸过花蜜当糖的儿童，如今已人到中年，回乡惊见花犹在，不能不兴起"青春不知何处去，红蕉依旧舞南风"之叹。

美人蕉虽是草本，却因地下根茎分枝发达，侧芽生命力强，若生在江南华南，则根茎过冬无忧。冬眠春生，只要根犹存，年年花不停。美人蕉身为多年生草本植物，这个"多年"具体是多少年？上述三十年只是个案，平均及最长年限的数据，大概只有它脚下的泥土知道。

孩童们知道的，是美人蕉拥有甘露之蜜。在糖果尚不能轻易到嘴的年代，暑期乡间，处于完全野放状态的乡下顽童，整日无事，赖以消磨光阴的，不外乎拈花惹草捉虫逐鸟。儿童哪懂护生惜花！所干之事，多半属熊孩子行径，故他们团行迹过处，真可谓寸草不生。

花期正值暑期的美人蕉，注定在劫难逃。顽童摧花伤草，一因万物皆可为玩具，二纯为满足口舌之欲。杜甫有诗云：庭前八月梨枣熟，一日上树能千回。孩童晨间频频相顾美人蕉丛的心态，与因梨枣而上树完全一致，目标也在于吃：花心所藏的一泓甘甜。

美人蕉花之美之艳，宋人形容为"烁烁犀灯燃晚雨，亭亭蜜炬照晴霞"，怎料蜜炬惹来杀身之祸，顽童吸食之后，花朵仅随手把玩片刻，便弃置不顾。可怜红蕉如美人，花衣委地无人收。

大叶偏鸣雨，芳心又展风。

爱他新绿好，上我小庭中。

〔明〕唐寅《美人蕉图》

美人蕉
Canna indica
美人蕉科 / 美人蕉属

煌煌凌霄花

因攀附他物的特性而遭文人奚落，几乎是藤本植物的宿命，凌霄亦未能幸免。纵然攀缘直上数丈，红花凌空粲然，仍被古人嫌弃：侵寻纵上云霄去，究竟依凭未足多。在现代诗的意象里，它更成为木棉树的反衬，被视为攀高枝不知耻反自矜的族群。

借物言志，原是人类的习好。人与人之间的攀附或许透着三分污浊，值得在诗中目以白眼。但植物与植物的攀附依会，却焉知不是一桩美事？

"古柏苍苍高入云，凌霄万朵拥其身。""老僧不作依栖想，将谓青松自有花。"如果松也愿意，柏也答应，凌霄与它们的缠绕相生，说不定在植物世界里是众草木交口相赞的一段佳话、一件美谈呢！对于人类爱借物乱象征的坏习惯，凌霄若识得几个汉字，估计得绯脸儿一沉，娇嗔一句：干卿底事！

有人诋毁，亦有人喝彩。论外貌条件，凌霄枝、叶、花皆不输于众花卉，且均有过人（花）之处：枝茎木质化，攀缘间虬曲多姿，可谓身形婀娜；羽状复叶在叶类中属高颜值阶层，具自然造就的对称美，翠叶蔓延，所到之处，青青如盖，绿意盎然；至于一树外橙黄内火红的花朵，花大且艳，凌空翔舞，堪称流光溢彩。

故，诗人们说凌霄"层叶圆如葆，高花艳若烧"，赞凌霄"绛英翠蔓亦佳哉！零乱空庭玛瑙杯"，都是实实在在的写真描绘，全无半分溢美。爱凌霄的人类怎会以凌霄攀缘的天性为缺点？他们自然会懂得欣赏它的努力攀缘与全力盛放，会开心地将邂逅煌煌凌霄花于高空舞笑嫣然的那份美好，列为一天之中小而确实的幸福。

凌霄多半绕棕榈，深染栀黄色不如。

满树微风吹细叶，一条龙甲飚清虚。

〔唐〕欧阳炯《凌霄花》

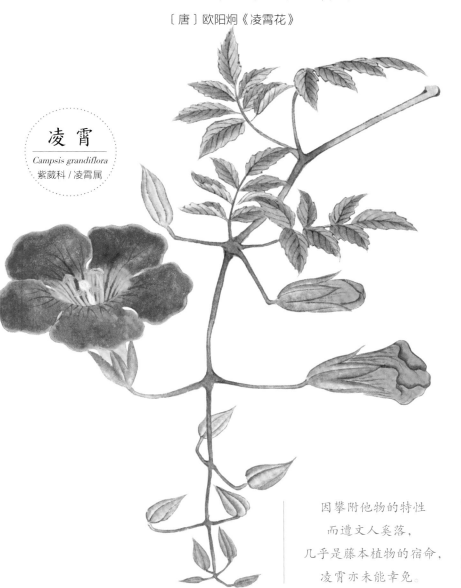

凌霄

Campsis grandiflora

紫葳科 / 凌霄属

因攀附他物的特性

而遭文人奚落，

几乎是藤本植物的宿命，

凌霄亦未能幸免。

砌拥蜀葵丹

正如张之洞所言：
"田间野客爱蜀葵，
谓是易生兼耐久。"

蜀葵花开，非常引人注目。

一是株直而高，类麻能直，方葵不倾。若是单棵生长于院落篱边，则一枝独秀于风中，绝无分蘖，虽为草本，却直立而有木态，挺拔而上，以近两米的身高傲视群草；二是花艳且繁，一丈高枝花百朵，浅紫深红艳若何，即使单株生长，也能千红一棵自成一国。如若丛生群开，那一片繁花照眼，红绡焕烂，令行人很难不驻足相看。

花繁原是优点，但人心曲折之处却是植物单纯之心所不能到达的世界。蜀葵并不知道，人类是种容易厌倦的生物，花多便作等闲看，勤花或许反而是种罪过，到得最后，人类珍而重之的，都是一年只得数日相见的花期苦短之草木。

但被忽视甚至被嫌弃又如何？正如张之洞所言："田间野客爱蜀葵，谓是易生兼耐久。"总会有人懂得蜀葵的好、蜀葵的美，夸奖它"傲杀杜鹃，不输芍药，蜀地笑芙蓉"。

这位以蜀地为故乡的小家碧玉，繁花是它攻疆占土的武器，千朵花开千粒籽熟，一粒种子就是一份旺盛的生命力，助它游遍中国大地，甚至漂洋过海远足异国他乡，作为寻常绿篱植物或新研发的园艺珍品，芳踪处处皆可寻，一丈红花遍天涯。

眼前无奈蜀葵何，浅紫深红数百窠。

能共牡丹争几许，得人嫌处只缘多。

〔唐〕陈标《蜀葵》

蜀 葵

Alcea rosea

锦葵科 / 蜀葵属

惆怅彩云飞，碧落知何许？

不见合欢花，空倚相思树。

总是别时情，那得分明语。

判得最长宵，数尽厌厌雨。

〔清〕纳兰性德《生查子·惆怅彩云飞》

合欢

Albizia julibrissin

豆科 / 合欢属

合欢叶暮卷

合欢两个汉字，连在一起，便赋予了无比美好的寓意。在诗词里，文人墨客论及合欢，或寄托情感美满之希冀，或反衬相思离别之痛苦，情感隐喻凌驾了审美情趣，反而对合欢的形态美视而不见，咏之甚少，殊为可惜。

花名合欢，又名夜合，易生错觉：得名乃因花可夜合。事实上，合欢叶暮卷，朝舒夜合的，是合欢树排列精致两两相对的羽状复叶。合欢树，与它的远亲含羞草一般，都有叶子闭合的特异功能。差异仅在于，含羞草如怯生生女娇娃，害怕遭遇无礼触碰；合欢叶似勤恳恳自耕农，日落而息日出而作。

即使不在花季，合欢也是美树一棵。成株高逾十米，枝

合欢的花期，夏六七月，

一树高花冠玉堂，

知时舒卷欲云翔，

是一树凌风舒展的粉扇，

是满枝沐日飞缨的绒球。

干绰约，树冠舒展，二回羽状复叶完美对称，叶片纤秀精致，在非花季的春秋天，一树青葱，也自动人。

但最令人过目难忘一眼万年的还是合欢的花期，夏六七月，一树高花冠玉堂，知时舒卷欲云翔，是一树凌风舒展的粉扇，是满枝沐日飞缨的绒球。蕊丝细细，花冠颤颤，粉粉嫩嫩，令最刚强的人在触目所及之际也瞬间生出一缕柔情。

大抵正因这份令人观之心静的柔美，抑或因具解郁安神之药效，合欢在古时被赋予解恚蠲忿的文化附加值。亲人爱侣良朋，日常相处之间，难免会一言不合争吵反目，若心生悔意有意求和，互赐一朵合欢花，共饮一盏合欢茶，同观一树合欢舞，均有相视一笑泯恩仇，言笑晏晏重归于好之效。

莲花照水开

《尔雅·释草》云："荷，芙蕖。其茎茄，其叶蕸，其本蔤，其华菡萏，其实莲，其根藕，其中的，的中薏。"自上而下，皆有专名，古人与莲，牵绊甚深。

观叶。小荷才露尖尖角，春天已与蜻蜓同归来。在生机盎然的自然世界里，活着，并且看见美，本身就是一首诗。

赏花。接天莲叶无穷碧，映日荷花别样红。碧叶红花的画面，被一代又一代人摄入眼帘。所谓永恒，或许，就是古人今人的眼睛，总拍下同一帧莲花。

采莲。笑隔荷花人共语，最闪亮的年华，最纯洁的笑靥。青春原是一池喧哗的荷花，美，就美得肆无忌惮。

食藕。时因蹋藕下清池，枣如瓜大藕如船。莲堪称世间最风雅的食材。丝藕清如雪，莲子房房嫩，藕粉则是一碗冰清玉洁的透明，有若最纯净的灵魂。

借莲花以明志。出淤泥而不染，濯清涟而不妖。爱的不是莲，是现实世界不管多么风刀霜剑严相逼，仍不蔓不枝不改初心的那个自己。

在莲花中恋爱。低头弄莲子，莲子清如水。爱，是掬在手心的爱怜，是置于怀内的牵念，是诗人"打江南走过，等在季节里的容颜如莲花的开落"。

用莲花小确幸。"芸用小纱囊撮条叶少许，置花心，明早取出，烹天泉水泡之，香韵尤绝。"借得荷花一缕香，是粗茶淡饭苦生涯里一缕不灭的诗意。

源经溯典，处处莲花处处开，处处是古人活过的足迹、爱过的证明。文字是逝去的人遗下的莲子，在不同的后来人心里，绽放出了不一样的莲花。

莲花出自於泥中，过眼嫣然色即空。

争似泥涂隐君子，褐衣怀玉古人风。

〔宋〕王迈《莲花》

莲

Nelumbo nucifera

莲科 / 莲属

花开花落，身在情在，

莲，就这样

活了千年又千年。

不尽人间万古愁，却评萱草解忘忧。

开花若总关憔悴，谁信浮生更白头。

[宋]刘过《萱草》

萱草

Hemerocallis fulva

阿福花科 / 萱草属

满庭萱草长

在《诗经》时代，萱草的名字叫谖草，可能还不是母亲花，却已被视为有忘忧之效的植物，是为思念所苦的女子，首如飞蓬之际，期望斩断相思的一缕微茫寄托。

弹着《广陵散》的嵇康曾写下《养生论》："合欢蠲忿，萱草忘忧。"大抵天下子女人同此心，都希望母亲一生喜乐无忧。萱草生堂阶，游子行天涯。游子远行，先植萱草，以解母亲思子之忧，萱草逐渐成为中国的母亲花，与代表父亲的椿树并茂，成为子女心中最大的祈愿。

一如木槿，萱草单花花期甚短。观花萱草，朝开暮凋，韶华有限。所幸萱草的聚伞花序，往往一株有花数十朵，此凋彼开，诚如张载诗句所吟：

> 萱草英文名 day lily，直接以 day 入名，即是叹它只得一天之盛。

萱草花开十日余，花繁日日倍于初。但如果人们也如张载所想，"朝开暮落终非计，栽活青松渐剪除"，就未免太辜负好栽易活一朝种下能看花几年的萱草了。春，萱草春长翠作丛；夏，一畦萱草似堆金。如若有地又有闲，遍植萱草又何妨！

萱草可为食材，但那只是萱草属成员黄花菜（*Hemerocallis citrina*）的专利。不是所有萱草都能下肚，很多有毒。在都市绿化带绽放着橘黄喇叭形或橘红漏斗状花朵，可与百合花在选美大赛中一较高下的，多为萱草属大花萱草等观花萱草，美则美矣，不堪果腹，如误食用，后果自负。

花有千日红

中国人大抵悲观，即便在人生最巅峰的日子，都担忧岁月如无影神偷，施展空空妙手取走当前的繁华灿烂。内心忧患太深，便不免发之于外，形诸笔墨：花无百日红，人无千日好。

然而，中国人又大抵夸张。苋科植物 *Gomphrena globosa* 花期甚长，在四季分明的地区，能从六月开到九月，花逾百日红。仅实事求是地命名为"百日红"，嫌力度不足，于是略事夸饰，将其唤作"千日红"。

千日红并非中国本土物种，成为华夏移民的时日既短，古时文献里便芳踪难觅。但它那一丛花开持久的深紫重粉，在夏时烈日烤炙万物颓然之中，灼然弥漫蔚成风景，注定不会被诗人们遗忘。虽中国旧文士无缘一见无从写起，但外国诗人自会咏之诵之。

聂鲁达写情诗，"没有人会伴我穿行过阴影，除了你，千日红，永恒的太阳，永恒的月亮"，将千日红与情人、日月并举。无怪乎在西式花语文化中，千日红的花语会是"不灭的爱"。

花开，终究会落。但千日红头状花序的花朵，主要构成物实乃纸质状小苞片，干薄轻硬，不会因失水而失色，故千日红虽花谢而难凋散，纵花落亦不色褪，极易制成干花，作案头千日相供。如此说来，命名千日红，亦非夸张。

千日红干花并非仅供欣赏，它也难逃被吃尽喝绝的植物宿命。入药，成为祛痰平喘的一剂偏方；入水，成为风致淡雅的一盏清饮。

漫说花无百日红，谁知花不与人同。

何由觅得中山酒，花正开时酒正中。

〔清〕钱兴国《千日红》

千日红

Gomphrena globosa

苋科 / 千日红属

天雨曼陀罗

旧日乡野，曼陀罗极为常见。农家屋后院畔，某个春天，往往就自行冒出一棵，自生自长枝繁叶肥，迎风沐雨便能长成小灌木的体形。夏六月花开，朵朵大如漏斗，或举盏于天，或悬斗向地，即便花色纯白，亦觉艳丽逼人，妖娆万分。

如今田家庭院早已不见野生曼陀罗身影，倒是佛寺庙宇院落之中，常能得以一见。若问气场如此逼人的花朵，为何会现身清心寡欲的禅修之地，实因"曼陀罗"三字，原就出自佛经。

《法华经》载："佛说此经已，结跏趺坐，入于无量义处三昧，身心不动。是时天雨曼陀罗华，摩诃曼陀罗华，曼殊沙华，摩诃曼殊沙华，而散佛上及诸大众。"

天界的曼陀罗
漫天飘落，
地上的曼陀罗
化身为药。

天华之妙者，名曼陀罗。天华者，天界之花也。究竟此天界之花是纯属想象还是确指今日之曼陀罗花？究竟是先有佛经后以之名花，还是将花名入了佛经？恐怕写一篇万字论文也说不清。真相如何并不重要，既已同名，姑妄认为在佛经的极乐世界里，天雨曼陀罗花便是世人今日所称之茄科植物曼陀罗吧。

根植于土地的曼陀罗，是李时珍书中认证的迷幻药，亦可能是华佗刀下的麻沸散。至于侠义故事里迷翻了一个又一个好汉的蒙汗药，是否也有它从中使坏，又是另一篇论文要解决的事了。

不过，如果看到曼陀罗大朵地开花，美丽地垂挂，最好只远远地静静看它，勿摘取莫闻嗅。毕竟，越美越毒的花，它也是其中之一。

曼陀罗

Datura stramonium

茄科 / 曼陀罗属

我圃殊不俗，翠蕤敷玉房。

秋风不敢吹，谓是天上香。

烟迷金钱梦，露醉木槿妆。

同时不同调，晓月照低昂。

〔宋〕陈与义《曼陀罗花》

跗萼细牵墨线，花心双套瑶卮。

江南别唱采莲词。

悰箫和月厉，崖笛隔花吹。

问讯铁君无恙，勾留莲女归迟。

赠伊贴体一联诗。

金分杨柳带，红换海棠丝。

〔清〕樊增祥《临江仙·再咏铁线莲》

蔓引铁莲开

园艺爱好者鲜有不爱藤本者。安得阔地千万尺，大植天下藤本尽放花，数篱朱丹紫艳，几墙粉重黄浓，几乎是所有养花者的梦想。

> 今日园艺界，
> 若藤花争夺江湖地位，
> 自以铁线莲风头最劲。

不嫌花多，但恨地少，若是挚爱，纵使只有三米长一米宽的阳台，也会让一丛藤花攀缘而开。

现代都市园丁均知：地少，选择便受限。若仅有阳台弹丸之地，大热的藤本月季第一时间出局：花期虽长，花开纵繁，惜乎周身带刺，阳台逼仄，人来人往，怎当得起藤月以刺相招拉拉扯扯？！

权衡来去，最佳选择，当属铁线莲：既耐高温又不惧严寒，能爬会攀宜墙宜柱宜架，花丰朵大可单可重，花艳色繁赤粉蓝紫，最可喜者，花期长、品种多。不同品种耐热耐寒度有异，故虽中国领土广气候差异大，但自苦寒之北国至长夏之华南，均能找到一种与地域气候相合的铁线莲可堪栽种。

铁线莲，顾名思义，枝似铁丝花如莲。若家有庭院，能

26

铁线莲
Clematis florida
毛茛科 / 铁线莲属

广集各色品种，则铁线莲缤纷绚烂的花季，将在三月由早花组拉开序幕，其后晚花组接棒，此种花歇，彼类盛放……若园丁为个中高手，品种搭配得当，即便仅植铁线莲一种植物，园中亦不会寂寞，繁花会自早春一直浩浩荡荡持续至晚秋。

今日园艺界，若藤花争夺江湖地位，自以铁线莲风头最劲。占地如木本紫藤凌霄，无法盆栽。纤弱如草本牵牛忍冬，气势不足。"藤本皇后"的桂冠自然而然落到铁线莲头上。虽为皇后，并不矜持，高树矮花均可与之组队成团，搭配出一处美丽花境。

"铁线莲？会纷披下来俯向我们吗；卷须的小花枝头会抓住我们，缠住我们吗？"为铁线莲所迷的种花人只能遗憾地吟唱着艾略特的诗，轻轻回应：对啊，被铁线莲缠住了啊，我的心。

一品蜡梅芳

　　人类热衷于区分阶层与等级，鄙视链囊括衣食住行方方面面，一路蔓延，殃及世间万物。比如，蜡梅。

　　蜡梅鄙视链之形成，自文献看来，始作俑者，宋代范成大是也。范氏著《梅谱》，中言："蜡梅，本非梅类，以其与梅同时，香又相近，色酷似蜜脾，故名蜡梅。凡三种，以子种出，不经接，花小香淡，其品最下，俗谓之狗蝇梅；经接，花疏，虽盛开，花常半含，名磬口梅，言似僧磬之口也；最先开，色深黄如紫檀，花密香秾，名檀香梅，此品最佳。"

　　此阐述，对梅与蜡梅之同异，倒说得简洁明了。但蜡梅家族成员，从此就被贴上了等级标签。

蜡 梅

Chimonanthus praecox
蜡梅科 / 蜡梅属

旦评人物尚雌黄，草木何妨定短长。

试问清芳谁第一，蜡梅花冠百花香。

〔宋〕潘良贵《蜡梅三绝》

狗蝇梅，又被蔑称为狗牙梅，客气一点的，以谐音写成九英梅，既嫌其形丑又厌它香淡。至于范氏推崇的檀香梅，并未能一直站稳高位，明代王世懋《花疏》轻飘飘一句"出自河南者曰磬口，香色形皆第一"，便将檀香梅从最佳更换为次善。再后来，素心蜡梅横空出世，通朵蜜蜡莹澈别无杂色，香气浓郁幽远，被视为最上品。

一枝蜡花梅，清香美无度。其实，虽花色有异，香分浓淡，但凌雪傲寒之性，清幽淡雅之格，别无二致。

蜡梅，还是腊梅？如今既已有植物学科学命名系统，今之世人自然当以专业学名"蜡梅"为正解。但在此之前蜡梅腊梅误用之弊，今之学人又何必耿耿？只因，若宋人以色如蜜蜡，故命名蜡梅，那明人因绽于腊月，别称腊梅，亦不算太过。

晓见花开意味长，夜深放出紫荷囊。

须知睡裏香话足，犹锡佳名号瑞香。

〔宋〕王遂《瑞香》

瑞 香

Daphne odora

瑞香科 / 瑞香属

四方奇之，

谓为花中祥瑞，

遂名瑞香。

牖外瑞香开

宋《清异录》载："庐山瑞香花，始缘一比丘，昼寝磐石上，梦中闻花香酷烈，及觉求得之，因名睡香。四方奇之，谓为花中祥瑞，遂名瑞香。"

瑞香遂因这梦中闻香惊坐起的故事，江南一梦后，天下仰清芬，成为既瑞且香的花中上品。

即使没有传说中那般的奇香，瑞香姿容亦属上乘。叶修长光泽而常绿，小灌木宜庭植可盆栽，无花也四季堪赏。花色以淡粉轻红浅紫居多，亦有白色，四瓣小花丛生如球，一丛三百朵，细细拆浓檀，清清淡淡，有一种浑然天成不自知的美。苏轼说它"骨香不自知，色浅意殊深"，形容十分到位，堪称瑞香知己。

外貌条件已然出众，传说加分又得佳名，偏偏瑞香还懂得挑选开花的时间。作为二十四番花信风大寒一候之花，冬日煦暖之年，早春二月已能牖外瑞香开。即便逢上冬季漫长而酷寒的年景，若悉心养护室内盆栽，亦会光风霁月瑞香盘，岁岁元宵锦作团。

在客至频繁又缺乏绿植装点的春节，色香姿韵名俱佳的瑞香，是主客宴饮时的一份谈资，也是主人家居品味的最佳展示，自然而然成为国人最为深爱的年花。

世上本无十全十美之人之物，更何况即便十全十美，也不会人人都叫好。瑞香也是有人嫌弃的，它既因奇香而得佳名，也因浓香而有"夺香花""花贼"之不雅别名。众人中有陶醉闻香者，亦有掩鼻不喜者。世上最难的事，大概就是要人人都喜欢吧。

轻红数点。迎风斜飐。小桃一片。

枝枝叶底挂香囊，娇颜费尽天孙剪。

同心结绾轻烟里。

盈妆女，不系湘裙底。

启窗纱。敛晴霞。非差依然富贵花。

〔清〕张槎《河传·荷包牡丹》

荷包牡丹坠

在洛阳牡丹园看牡丹，万朵牡丹姹紫嫣红，于其中忽然发现一株纯属异类的荷包牡丹，一花枝斜出，十数朵粉花玲珑缀于其上，纤巧清新，与牡丹大异其趣。花王环绕之中，荷包牡丹竟未被那番浓色重艳的倾城声势压倒，如此看来，也算是当得起中文名中那"牡丹"二字。

细究起来，为何牡丹园中会出现一棵不是牡丹的荷包牡丹？当然是园方为了正牡丹之名，让赏花群众明了荷包牡丹不是牡丹，把它放在牡丹身边，一目了然，对比鲜明，印象深刻。

与植物拉丁学名科学有序的命名法规完全不同，植物的别名（包括以各国语言命名的通用官名）充满着想象、随意、感性。荷包牡丹还有一串极易引发混乱的外号俗称：荷包花、蒲包花、兔儿牡丹、铃儿草、鱼儿牡丹……毋庸怀疑，在中

那些娇小玲珑的心形小花朵，
分明就是一个个
以高超女红技艺飞针走线
而成的精巧荷包嘛！

华某地肯定有某种植物也被叫作铃儿草或者荷包花。

　　总体来说，人类称呼植物多爱以形取名，再搭配感性想象。且看 *Lamprocapnos spectabilis* 在不同国家的称呼：

　　中国人振振有词：枝枝叶底挂香囊，那些娇小玲珑的心形小花朵，分明就是一个个以高超女红技艺飞针走线而成的精巧荷包嘛！

　　日本人：红花儿如佛前垂饰华鬘一般，就叫"華鬘草"。可是转念一想，终究难改吃货本色，这花就和鲷鱼长一样呀，再取个名字"鯛釣草"吧。

　　西方人大抵多情，看来看去，那一长串风中摇舞的，都是一颗颗滴血的心呢，所以英文名当然得是 bleeding heart 呀。

岭南野牡丹

岭南草木在古代有点憋屈，明明不乏美丽花朵，文献却鲜有记载，更不要提歌之咏之了。野牡丹属植物在中国有九种一变种，虽植株或为灌木或匍匐地生，叶或卵圆形或披针形，但均能开盈盈粉紫花朵，野外相遇数株或一丛，立觉野芳绮艳，丽色可人。

野牡丹之名，始见清人徐葆光出访古琉球后所撰《中山传信录》："野牡丹，土名什花，叶如牡丹无异。二三月，花开作丛，累累如铃铎；素瓣紫晕，檀心如碗大，极芳烈。"实际上野牡丹叶形与牡丹迥异，此段文字就难以判定所写是否为野牡丹了。

不过，较徐葆光晚生百年的日本博物学者毛利梅园所绘植物图谱中，有一图花色粉紫，花瓣六片，绝类毛菍，旁注花名亦写作野牡丹和〈艹什〉花。以此佐证，徐葆光所见倒有八九成确系野牡丹，只不过文人纸墨，或因植物学知识欠缺，往往有欠严谨，故描述有所出入而已。

我国的野牡丹属有九种，以毛菍花朵最大最美。一般来说，野牡丹属花朵多为五瓣，但毛菍花瓣数量不等，自五瓣至八瓣皆有，瓣片密实相挨，中间几无缝隙，花朵粉紫纤薄，花蕊造型别致，花开硕大美艳，当得起野花中牡丹之名。若于岭南山林野行，与野牡丹相遇，定会深感不虚此行。如逢果期，则还可以顺嘴一尝地菍、毛菍的野果滋味。

华南城市绿化带，另有一种"野牡丹"，花色深紫，名为巴西野牡丹（*Tibouchina seecandra*），但与野牡丹属没有关系，为同科异属植物。巴西野牡丹并非岭南土著，而是如假包换的南美移民。

野牡丹……二三月，花开作丛，累累如铃铎；

素瓣紫晕，檀心如碗大，极芳烈。

〔清〕徐葆光《中山传信录》（节选）

毛菍

Melastoma sanguineum

野牡丹科 / 野牡丹属

六出英英九夏寒，短丛香玉映清湍。

主人自出无人管，输与泠然隔岸看。

〔宋〕苏泂《赠耕堂栀子花》

白蟾

Gardénia jasminoides var. fortuneana

茜草科 / 栀子属

微风栀子香

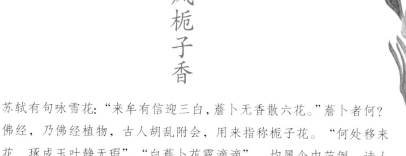

　　苏轼有句咏雪花："来牟有信迎三白，蔷卜无香散六花。"蔷卜者何？名出佛经，乃佛经植物，古人胡乱附会，用来指称栀子花。"何处移来蔷卜花，琢成玉叶静无瑕"，"白蔷卜花露滴滴"，均属个中范例。诗人们间或写别字，"居士窗前檐蔔花，清香不断逗窗纱"，蔷卜变成檐卜、檐蔔或蔷蔔，也是常有之事。

　　东坡以无香栀子花喻雪花，因两者有共性：一是色同，皆洁白；二是形似，均六瓣。今人看到栀子六瓣，当不以为然，乃因当前广为园植人们习见的栀子，已非在古人诗词里常常现身的中国本土原生单瓣山栀子，多为栀子的园艺变种重瓣大花栀子。

　　单瓣山栀子，一花六瓣，白瓣黄蕊，清简淡雅。古人喜以"六出"二字咏之：六出台成一寸心，银盘里许贮金簪；六出英英九夏寒，短丛香玉映清湍。

　　花开六出虽清雅，无奈人类性喜繁复。单瓣渐变重复，花色日趋缤纷。少数是植物自身变异，更多的是人类园艺家出手干涉。繁花多彩，自是人类眼福。但一花同名多形，却又成为爱花成痴意欲识花辨花之人的一大头痛之处。

　　重瓣大花栀子，有植物书籍将其单列为一类，写作白蝉花或白蟾花；又有植物书将单瓣重瓣均归于一类，以白蟾为学名，以栀子为别称，亦有反之者。分不清也罢，不如赏花。反正六出也好重瓣也罢，都一样色白香浓。若论赏花，最好去到雨后田家，晚来骤雨山头过，栀子花开满院香，最美不过。

佳哉木芙蓉

张爱玲谈人生三大恨事：古人"一恨鲥鱼多刺，二恨海棠无香"，第三恨既然不记得，不如自行填空"三恨红楼梦未完"。喜读《红楼梦》者，若必须列出三大憾事，其一当为：第六十三回群芳夜宴怡红，行花令占花名，黛玉所擎花签上之芙蓉，风露清愁，莫怨东风当自嗟，究竟是水芙蓉还是木芙蓉？

若以晴雯为黛玉之影，从旁侧证亦属枉然，因晴雯所涉芙蓉也是水木莫辨，丫头见"池上芙蓉开"顺口胡诌，设祭时"将那诔文挂于芙蓉枝上"，《芙蓉女儿诔》开篇"蓉桂竞芳之月"，林黛玉自"芙蓉花中走出来"，水芙蓉耶？木芙蓉耶？读者诸君且自行烦恼吧。

艺术原以留白为美，若强令曹公添一字，实写《水（木）芙蓉女儿诔》，文名便意境大减，反而不美。水芙蓉出污泥不染，木芙蓉拒秋霜而开，无论水生木植，均不损减红楼女儿之风姿，不争也罢。

夏末初秋，水莲香残，木莲渐开。木芙蓉花色会因日光强度不同而可一日三变。晨间或初开，多纯白或淡粉，午后往往变为深粉或浅赤。一树繁花，次第开放，此白彼粉，红白相间，灿然开落，直至深秋。

红楼丫头因见池上芙蓉而胡诌晴雯为芙蓉花神，其实古人之"池上"，常是"池岸之上"的简称，故池上芙蓉未必是池中水芙蓉，更可能是岸上木芙蓉。

一池残荷叶，几树木芙蓉，临波照影，绿暗红纷，池内枯荷听雨，岸上木莲拒霜，水木相映，别具情致，蔚成秋园一景。人若见此，便应明了，赏景观花已足也，何必水木分真伪，不如高赞数声：美哉芙蓉，清哉水芙蓉，佳哉木芙蓉！

水芙蓉了木芙蓉，湖上花无一日宽。

卷却水天云锦段，又开步障夹堤红。

〔宋〕姚勉《芙蓉》

木芙蓉
Hibiscus mutabilis
锦葵科 / 木槿属

一池残荷叶,几树木芙蓉,临波照影,绿暗红纷,

池内枯荷听雨,岸上木莲拒霜,

水木相映,别具情致,蔚成秋园一景。

旭日舒朱槿

　　初至华南，见道旁绿植一种，灌木扶疏成篱，赤花灿然其间，一蕊自漏斗形花冠中高挑而出，迎风轻颤。花色鲜明，难以无视，问及花名，答曰大红花。哑然失笑，以为玩笑，因名虽切合花色，却未免太过简单粗暴。其后得知，不仅华南，远至马来西亚等东南亚华人圈，据说也将这亚热带热带常见的喜阳植物，直接呼为大红花。

　　大红花，其实有佳名无数，且都具汉字音形意之美。其一，朱槿，朱字言花色，槿字道科属，名简意赅，而红花灿烂之姿已现。其二，扶桑，此二字，形诸纸墨好看，念于唇舌动听，唯一缺憾：歧义太多。扶桑在中文里，或为传说神木，或是日出之处亦指太阳，或属东方古国之名意指日本。写文章的古人随心所欲，读诗文的

朱 槿

Hibiscus rosa–sinensis

锦葵科／木槿属

东方闻有扶桑木，南土今开朱槿花。

想得分根自旸谷，至今犹带日精华。

〔宋〕姜特立《佛桑花》

40

后人却得小心甄别，方知哪句在说大红花哪句是在称颂太阳。

除此二者，又有别称赤槿、佛桑、桑槿、红木槿等。每个都动听好看远胜于大红花，可惜别号彰显声在外，学名深藏人不知，不知朱槿心中是不是有点委屈？

西晋嵇含《南方草木状》写："朱槿花，茎叶皆如桑，叶光而厚……其花深红色，五出，大如蜀葵，有蕊一条，长于花叶，上缀金屑，日光所烁，疑若焰生。"简洁明了，写尽朱槿特征。扶桑一名多义，难作专名，确也无奈。但西晋已有朱槿之名，竟被大红花夺得优先冠名权，实属遗憾。

朱槿原生品种，赤红单瓣，花大色艳，本已十分美丽。但越美的花，园艺家越爱参与它们的"花生"。如同中国月季一般，朱槿经世界园艺家的绿手指点化，已幻化出数千园艺品种，五彩缤纷，重瓣炫日。

疏篱木槿花

木槿，是二十世纪八十年代许多乡下孩子的童年回忆。彼时，菜园围篱并不似今日千篇一律，家家菜圃均竖着一米五高的绿色硬塑钢丝网，且连半朵野牵牛花也不许攀爬在上。

从前的菜园，竹围栏树篱笆，树是木槿。南方编短篱，木槿每当路。春三四月初，随手折下木槿带芽的枝条，沿菜园随意插下，四月江南多雨，一个雨季，插下的枝条长出新叶抽了新枝，长成了一棵小小的新树，当年夏秋开出淡紫或粉红的花。经冬越春，到第二年便能成为菜园的纯天然绿花篱。

有木槿花装点的童年，暑期长这样：去菜园探访，拂走篱边伸过来的木槿花，松开简易园门上七扭八绕的拴绳或线，进园，东寻西找，掰一根玉米，摘几颗番茄，敲一敲西瓜。如果菜园临池更佳，找根树枝，借一枝之力将沿岸的莲蓬拉近，莲子饱满就一把采下，再用树枝翻寻水中菱叶，如有膨大菱果，则欣然收纳。

木槿在诗人的句子里却有点哀伤。木槿荣一朝，日夕用长叹。莫言富贵长可托，木槿朝看暮还落。单花花期只得一天的植物并不少见，朱槿萱草均如是，只是木槿不好彩，得了个"朝开暮落花"的别名，便成了芳华易逝的代表。

其实木槿花期漫长，从夏六七月一直开到十月，一些园艺重瓣品种甚至五月已经盛放。花多花勤花期长，此落彼开花无穷，一树木槿在侧，每日看花不休，如此看来单花朝开暮落实在不妨事。

木槿花可为食材，但小孩子听到，肯定会说：为什么呢？有那么多好吃的瓜呀果呀菜呀，为什么还要吃掉这么好看的花？我才不要。

我也不要。

稻穗堆场谷满车，家家鸡犬更桑麻。

漫栽木槿成篱落，已得清阴又得花。

〔宋〕杨万里《田家乐》

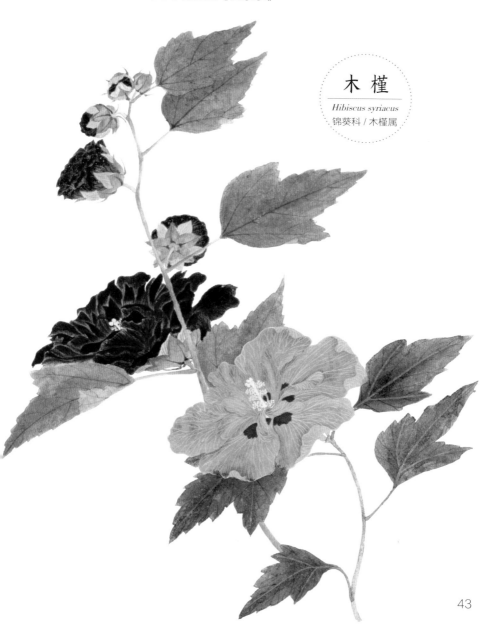

木槿

Hibiscus syriacus

锦葵科／木槿属

43

花灿金丝桃

植物之中文名，常与其形态特征相关联。金丝桃，花瓣五出如桃花，桃形花瓣微微上翘围成小小金碗，中间盛着近百根纤密细长的金色花蕊，丝样花蕊自碗心如烟花束般四射而出，灿烂若金丝，是以得名。

金丝桃最引人注目亦最见娇媚动人之处，乃在那一簇纤长的花蕊，迎风细细，如蝶轻颤翅膀。此点，由其别称可见一斑：金线蝴蝶、金丝海棠、金丝莲。桃字可换，金丝不改。

花期六至九月的金丝桃，叶披针形对生，花色鲜艳明亮，作为小灌木，是上佳的道路绿篱植物。都市之中，常见它绿底黄花的身影，开时亮黄一处，谢时落金铺地，虽凋犹美。

若所植品种为金丝桃属之红果金丝桃，则庭园可由六月花开美到岁末深冬，夏季一任金丝炫舞，秋日则由红实专美，金丝蕊红果实，你方唱罢我登场，红果金丝桃自己就可以主演夏秋冬三季的舞台秀。不仅户外占尽风流，而且登堂入室，作为插花材料，可单插易搭配，满枝红果，一瓶秋意。

碧叶如针，黄蕊似金，红果若火，金丝桃如此佳木，不知为何前人竟甚少在诗句中提及。仅有的数篇中，有一诗，作者乃诗才平庸又爱吟风弄月的清朝乾隆帝弘历，诗曰："翩翩黄蝶力难胜，迥异人重过武陵。最爱绿盘高捧出，五花齐灿五金灯。"

此诗如何？金丝桃听了委不委屈？只能由读诗的人代为评定。或许，在中国，纵使连一朝天子也为它写下宣传文案，但关于金丝桃，最好的诗篇，尚未出生。

菲菲红紫送春去，独自黄葩夏日闲。

那得文仙归故园，黄冠相向到邱山。

〔宋〕吕本中《金丝桃》

金丝桃

Hypericum monogynum

金丝桃科 / 金丝桃属

碧叶如针，黄蕊似金，红果若火，

金丝桃如此佳木，

不知为何前人竟甚少在诗句中提及。

一树绣球圆

绣球之美，在浑圆，在群聚。

连树冠亦圆。折一根枝条，扦插，成活，自枝茎处萌发新的放射枝，以圆柱形主枝为中轴，放射再放射，自然而然就长成一丛覆满椭圆形褶皱青叶的绿色半圆灌木。

再团出花球，一团香雪滚春风。那一枝香雪也似的绣球花，并非单朵，乃数百小花朵集结而成的球形聚伞花序。单朵，三或四瓣，纤小可怜，不起眼。群聚，方能以玲珑浑圆的姿态，赢得喝彩。

开一树花团，满树玲珑雪未干。一个圆尚有欠吸引，一定要在青色树冠上错落有致连成一片才足够惊艳。盛花期，花序一枝又一枝，青叶丛中遍花球，蓝盈盈，粉圆圆，叠叠重重，团成一树花意盎然。

群植是绣球最完美的生存状态，在夏日浓青浅碧深绿的世界，绣球一丛丛一列列，于道路两畔，于庭院一侧，以赤朱重紫浅粉雪白淡蓝的五彩花球，写出一季长夏最美的童话。

古人写绣球，总喻为雪团或玉球，似乎仅白色一种。很可能，他们看到的一树绣球，并非今日园艺界大热的绣球花科绣球属的绣球花，而是五福花科荚蒾属的绣球荚蒾和粉团荚蒾。毕竟在中文世界里，它们与今之绣球花几乎共享了所有的官名与别称：绣球、粉团、八仙花。

绣球花色彩繁多，且部分园艺品种可人工调色。绣球之色因土壤酸碱度而变，酸蓝碱红。中国土质偏碱，爱园艺的人出尽百招，要调出理想的蓝花球。要怎样才能蓝得刚刚好？要如何才能令一盆绣球开出有蓝有紫有粉的花朵？这是绣球施加给养花人的最美丽而幸福的烦恼。

绣 球

Hydrangea macrophylla

绣球花科 / 绣球属

纷纷红紫斗芳菲，争似团酥越样奇。

料想花神闲戏击，误随风起坠繁枝。

〔宋〕杨巽斋《玉绣球》

玉色瓷盆绿柄深，夜凉移向小窗阴。

儿童莫讶心难展，未展心时玉似簪。

〔宋〕郑大惠《玉簪花》

玉 簪

Hosta plantaginea

天门冬科 / 玉簪属

48

花开白玉簪

在花卉市场买玉簪，现代园艺新品种琳琅满目，按叶形依叶色区分价格高下贵贱，开什么样的花反而不重要。叶形多样：条形、杯状、斑叶、卷叶、直立、长叶、狭叶、圆叶……任君选择。叶色也不复青绿一种，纯白的"白羽"，白面青边的"白色圣诞"，泛蓝的"蓝鼠耳""香蓝"……眼花缭乱。

玉簪原是中国古代经典香花之一，叶披离青葱，潇洒优雅，花清姿玉润，幽香宜人。无花时，沿阶翠叶满眼绿，花开际，叶花共赏更闻香。夏末秋时，小庭深院，蛾眉月暗，萤火微微，虫吟啾啾，玉簪莹莹，清香淡淡，月露洗沐秋容净，姑山初逢冰雪仙，是夏秋夜间常有的诗意风情。

中国原生种玉簪普遍认为主要有三：白玉簪、紫萼和东北玉簪。其中以白玉簪香气最浓，花色最雅，最受古人

> 叶披离青葱，潇洒优雅，花清姿玉润，幽香宜人。

喜爱，栽培最广，入诗最多。究其底里，玉簪在古人心中，终以观花为主。于是，白玉簪便以花色取胜，花苞如玉簪缀枝，花开似白鹤群飞，以在月明夜弥望的雪白花色，将紫花玉簪排挤出庭院。秋入一簪凉，满庭风露香，那都是白玉簪一簪专美的秋夜了。

作为观叶植物的现代玉簪，自具风情，它性喜阴凉，可为树下绿被，可充水畔点缀，阶旁一丛，路隙一株，墙底一围，无论单种孤植，还是混种丛栽，自由结合，有玉簪在，便能成就一处绿意葱茏的园中花境。无怪乎，现代园艺家弃花取叶，苦心培育出数千种观叶玉簪，叶叶年年看不朽。

紫萼繁若缀

　　紫萼与玉簪，同科同属，乍看花叶均近似，仅花色不同，但两者间实际仍有不少差异：植株，紫萼高约两三尺，而玉簪较矮约尺余；花朵，紫萼小而玉簪大；花期，紫萼夏季早开而玉簪晚秋仍花；花香，紫萼香浅近无而玉簪香浓馥郁。

　　昔年，齐王好紫衣，国中无异色。紫萼若生齐景公时代，当以一袭天然紫裳受尽欣羡。可惜，好景不长，历代文人墨客普遍钟爱白玉簪，满纸雪衣柔玉蕊绽的赞美之词，完全看不见紫萼一枝高挑繁花缀紫，迎风摇摆自有风情。

　　最糟糕数明末，写《长物志》的文震亨简直建立了紫色鄙视网。先是将紫玉兰贬低："玉兰紫者，名木笔，不堪与玉兰作婢。"再轮到玉簪紫萼的赞白贬紫："玉簪，洁白如玉……墙边连种一带，花时一望成雪……紫者名紫萼。不佳。"

> 紫萼与玉簪，同科同属，
> 乍看花叶均近似，仅花色不同。

　　玉兰玉簪，两者均兼有白紫二色。文震亨喜白恶紫，让人读之不得不替紫藤捏一把汗，因为紫藤亦有变种开白花。或许，因文氏曾祖文徵明曾于拙政园手植紫藤，文震亨的紫色鄙视网总算没有撒到紫藤身上。

　　对植物，以花色而论雅俗分高下贵贱，实非正道。世间岂有不美的花！面对万千草木开出的赤橙黄绿青蓝紫，博爱与花心才是人类应有的姿态。赏花并非择偶，不需要"人世间纵有百媚千红而我独爱你一种"，见一个爱一个，才是正解。

一种看来颜色好。袅袅。浑疑仙子御风来。

羽盖似将云影护。丰度。罗衣偏爱淡霞裁。

应是玉妃微醉后。轻溜。鬓边卸下紫鸾钗。

〔清〕顾太清《定风波·咏紫玉簪》（节选）

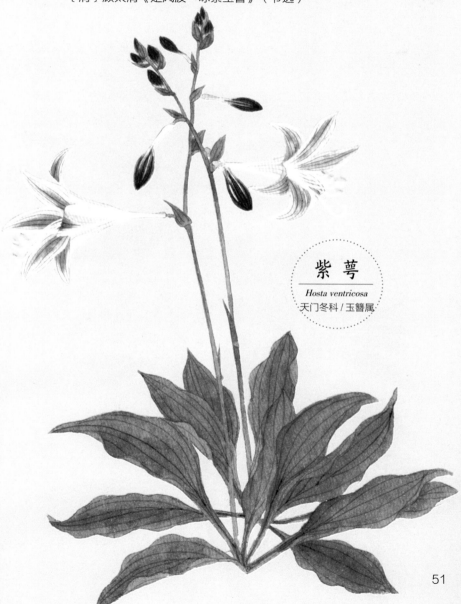

紫萼

Hosta ventricosa

天门冬科 / 玉簪属

细看金凤小花丛，费尽司花染作工。

雪色白边袍色紫，更饶深浅四般红。

〔宋〕杨万里《金凤花》

凤仙花

Impatiens balsamina

凤仙花科 / 凤仙花属

凤仙窈窕姿

凤仙花大抵属于闺阁。金凤花，指甲花，好女儿花，连别名都与闺阁关联。旧时父母，爱用花名替女儿取名，以凤仙为名的女子便很多。也许，你也认识一两个。

要染纤纤红指甲，金盆夜捣凤仙花。小女孩们不懂诗，却懂得第一时间将心中梦想照进现实，撷一把凤仙花，即刻开启美甲大业。取一朵，放在甲盖上揉啊揉啊，揉一会停一下看一看，染上了吗？似有若无。

努力了许久，指甲上仅仅浓淡不匀轻轻浅浅一抹红，早知如此，还不如去偷用妈妈的指甲油呢！轻轻一刷，便指尖匀朱，何其简单方便又完美。于是失望，就此丢开手，一任凤仙花下徒留残红碎瓣狼藉一片。

结果低于预期，自然缺乏卷土重来的动力，所以小女孩的指甲花游戏大多只玩一次。肯玩两次的那些少数派，乃因家中女性长辈热心且耐心，肯帮着张罗，肯指点并给予关键辅助物：明矾。可是，即便有了明矾助力，染甲成果却未必惊喜：女孩儿明明希望指尖蔻丹红欲滴，谁曾想凤仙花还额外附赠了自己根本不想要的如染血般晕红的指头呢！

如果童年曾与凤仙花邂逅，每个女孩可能都曾因其而撩起对胭脂水粉的渴望，都曾玩过捣花成泥试染甲的游戏，都曾希望快快长大理直气壮地分享母亲的化妆桌。

只是，小女孩们并不知道：成人世界里，十指尖尖，可随意渲染上五光十色的那一种自由，很可能也是另一种不自由。童年时那一点清浅单纯的凤仙红，才是女人们再也回不去的旧梦。

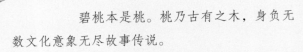

几许碧桃开

碧桃本是桃。桃乃古有之木，身负无数文化意象无尽故事传说。

花，既要灿烂明艳，又需薄命飘零，还得身处仙境。桃之夭夭，灼灼其华，在远古民歌中宜室宜家。三生三世，十里桃花，在现代仙侠剧里悲欢离合。武陵源桃花满溪，葬花吟花谢花飞，桃花岛落英神剑，崔护桃花笑春风……二次元的虚拟世界、三次元的现实人间，哪里都有桃花在开落。

花如此疲于奔命，树与果实亦未能幸免。变为一把桃木剑，帮老道斩鬼杀妖。设下一席蟠桃宴，惹大圣大闹天宫……

桃许是觉得累了，必须将身负的重担匀出一部分。于是，取一根桃毛，吹一口仙气，幻影分身出新的变种：碧桃。从此，桃负责开花结实，甘甜可口，碧桃负责千娇百媚，倾国倾城。

原生种的桃花，单瓣花开五出，花期匆匆十来日，桃李春风结子完，开花本不为取悦人类，孕育种子才是桃生大事。碧桃不一样，它为观赏而生，多为重瓣。

桃花一树粉，碧桃却一种花开百般色：红碧桃如火，白碧桃胜雪，洒金碧桃蕴五彩。桃花五瓣开，碧桃则五出凡花一扫空，万重千叠裹春风，复瓣重瓣半重瓣，开得秾艳喧闹。就连枝条，碧桃也能花样迭出，塔型直立朝天的是帚桃，如柳柔软下垂的是垂枝碧桃。

世有牡丹园、月季园、梅园，却少见碧桃园，其实碧桃一名之下，千种千姿，色缤纷花繁艳，花期早晚承续，单是碧桃一种，就可以春色千重又万重，让庭院一个春天不会寂寞。

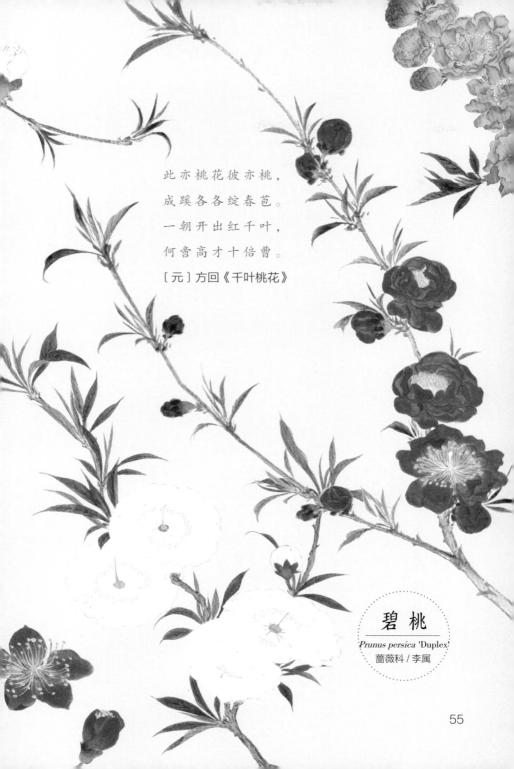

此亦桃花彼亦桃，

成蹊各各绽春苞。

一朝开出红千叶，

何啻高才十倍曹。

〔元〕方回《千叶桃花》

碧 桃

Prunus persica 'Duplex'

蔷薇科 / 李属

紫薇开最久

紫薇易种，竹篱茅舍边常见，原是乡野民间之花。只因与天上星宿人间官职同名，虽说同音不同字，但喜好文字游戏的诗人们，乐得顺水推舟，动不动就说紫薇是上苑之花。陆游在民间见了它，要问一句："钟鼓楼前官样花，谁令流落到天涯？"李商隐只好躺在古书里还魂作答："天涯地角同荣谢，岂要移根上苑栽。"

天上星宿，紫微星，乃北极五星之帝星，身份尊贵。下到凡间，"你是南方赤帝子，上应北极紫微星"，非帝即王。就连中国星相学，也称为紫微斗数。

地上官职，紫微舍人，是类似帝王机要秘书的职位。唐朝中书省又称紫微省，"独坐黄昏谁是伴，紫薇花对紫微郎"，中书舍人理所当然就成了紫微舍人。人言紫微省遍植紫薇花，故又称紫薇省。恐怕还是先有紫微省之称，才特意遍植紫薇花吧。

紫薇花又名百日红（是的，花期长的花，似乎终难避免别名百日红的宿命）。花期久，寿命更长，紫薇一旦扎根泥土，年年生年年开，活个百来岁完全不成问题。所以，在聊斋式的日本小说《家守绮谭》里，紫薇花便成精化怪，直接恋上朝夕相对的紫微郎了。

紫薇树干表皮脱落，极为光滑，故有个日本别名叫猿滑，顾名思义，连猴子攀爬都会滑将下来。许是无皮相护，所以带着几分羞涩，紫薇树若被触碰，会无风自摇，于是又得了个中国别名：怕痒痒树。

紫薇花色多，或紫或粉或红或白，没有植物学分类意识的古人按色乱叫，又成了翠薇、红薇、赤薇、银薇或白薇，此类名称委实添乱也。

似痴如醉弱还佳，露压风欺分外斜。

谁道花无红十日，紫薇长放半年花。

〔宋〕杨万里《疑露堂前紫薇花两株，每自五月盛开，九月乃衰》

钟鼓楼前官样花，
谁令流落到天涯？
天涯地角同荣谢，
岂要移根上苑栽。

紫薇
Lagerstroemia indica
千屈菜科 / 紫薇属

冬日暖阳，大抵是一季寒冬里最受欢迎的事物，但看梅时例外。天气晴好的冬天，阳光煦暖的时候，谁也没兴致去赏梅。若一不小心与梅狭路相逢，那一树梅，亦只作等闲看。

等雪飘了，天地白了，梅香似触鼻可闻，梅影如在心底轻舞。有雪又有梅的日子，一年能得几天？所以，梅雪与共当珍惜，踏雪寻梅才是正经事。

谁不爱雪呢？君不见，连睡在温柔富贵乡里的怡红公子，一觉梦醒，看到窗外雪积尺余，亦会大喜过望。琉璃世界白雪红梅，那画一般的幻境，需要自然与梅花联手，方能成人之美。

又有谁不爱梅呢？梅之为物，占尽自然恩宠，枝逸，花韵，香清，凌寒而开，独得春先。无怪乎世人为之倾倒不已，咏梅的诗句写了万千。

然而，蜗居一室之内，捧一本书读梅诗只是空自牵念，对着九九消寒图画梅花更是画饼充饥，梅绽恰逢雪飞，当然看花去。即使没有红楼姑娘们的大红斗篷，不能将自己站成一树与红梅竞艳的风景，成为风景里的赏花人也是好的。

不一定非要看红梅映雪，朱砂，宫粉，绿萼，玉蝶，龙游……各擅风情，更何况雪中梅香，较平时更为幽冷清洌、香上几分，梅园那一片香雪海，当然要放飞五感全身心去领略，方能不负踏雪一行。

天晴常无赏梅兴，如果一年无雪又当如何，难道一任梅花寂寞开落？无妨，梅花宜雪犹宜月，即便无雪，也可学林和靖，去赏那流韵千古的梅之诗画：疏影横斜水清浅，暗香浮动月黄昏。

梅花雪里春

闻道梅花圻晓风，
雪堆遍满四山中。
何方可化身千亿，
一树梅花一放翁。
　〔宋〕陆游《梅花》

梅
Armeniaca mume
蔷薇科 / 杏属

千本薄樱散

赏樱日本盛于唐，如被牡丹兼海棠。

恐是赵昌所难画，春风才起雪吹香。

〔明〕宋濂《樱花》

偶然看到一部日本动画片，幕末时代，倒幕运动如火如荼，偏有一群末代武士逆时代之流而行，扶持幕府。历史人物之是非功过，自有历史学家去论说。在二次元的动画故事里，这一群末代武士，一腔孤勇终归成空，"匆匆飘散，宛若逝樱"，消失于历史滚滚向前奔涌的逝水流川中，令人对着画面中漫天飞舞的樱花，不胜唏嘘。

动画里的历史人物，有一首俳句遗世："人世皆攘攘，樱花默然转瞬逝，相对唯顷刻。"短短数语道尽世人看樱缘由：樱花花期苦短，匆匆不过数日，是以樱花开时，树下人头攒动，均为看花之客。

樱花，本非日本国专有，数千年前中国已有它的行踪。只是，或因风土与物性相宜，或因日本人特别厚爱，樱花渐成为类同国

花的日本代表花卉。至于日本人对樱花的疯狂钟情，历百代而不息，樱花前线、樱花祭、樱茶樱饼，成为日本人每年三四月乐此不疲的春天盛事。

花草不分国界，美可举世同赏，中国许多城市也不乏赏樱佳处。春风来时，不见方三日，世上满樱花。有樱可观的城市，人们往往会倾城而动，去向樱花树下，看樱开樱舞樱落如雪。声名在外的赏樱圣地武汉大学，花满校园倾城看樱时，那一番人潮汹涌，比日本恐怕只有过之而无不及。

日本僧人良宽有句："已落之樱，残留之樱，皆终为飘零之樱。"或许，樱花令人痴狂之处，正在于飘散零落之瞬间。又或许，终樱花一生，根本不为花开，只为花落。

樱 花

Cerasus spp.
蔷薇科 / 樱属

非白非朱色转加，

微寒轻暖殢殢云霞。

春风省识倾城态，

只在楼西几树花。

〔清〕郑孝胥《樱花花下作》

十月樱

Cerasus × subhirtella 'Autumnalis'

蔷薇科 / 樱属

在气候转暖的时代，植物的花期越来越难以界定。更何况园艺品种层出不穷，花期有早有晚。中国地大域广，温差巨大，科普书里写着花期五月的植物，在三月甚至七月还看见花朵迎人，已不是一件值得大惊小怪的稀罕事。

如果在秋季看见了春花，不需要惊喜，更不需要惊魂。要么，是晚秋初冬农历十月小阳春的煦暖天气，让春花产生误解，提前开始了它的表演。要么，是此种植物名下的某一个园艺变种，原本就拥有与众不同的花期设定，比如十月樱。

十月樱，拉丁学名 *Cerasus × subhirtella* 'Autumnalis'，无论中文名里的十月还是拉丁学名里的 Autumnalis，均已明示它是可在秋冬迎霜的秋之樱花。

被日本人归于冬樱之列的，除了十月樱，还有大寒樱和子福樱。十月樱和子福樱均花开三季，由秋十月开至冬一月，春三四月再加入春樱行列。大寒樱则属早樱，在犹为隆冬的一月已然早早盛放。

植物天性，本在自然花期才开得最盛最美。冬樱之培育，虽为世间添了一份逆天罕见的秋冬花，但论花量花形，终究美不过春樱。

最重要还是那份看花赏樱的心情，还是要等到春天，惠风畅，煦日暖，才能有"十日樱花作意开，绕花岂惜日千回"的兴致啊。毕竟，春樱虽转瞬飘零，但赏过看过经历过，人类或许才能更幸福地感受到：薄樱已逝，可至少自己还拥有一整个春色无边的春天和绿意葱茏的夏季，可以从容去珍惜那些尚存的美好。

一定是因为没有人愿意在秋冬的凄凉里看见一树樱飘零，所以冬樱才一直寂寂无闻吧！

十月冬樱绽

63

有些旋律，极具魔性，比如粤语歌《迎春花》。每逢农历年末新春，入得华南中小型商场超市，《财神到》后《迎春花》，贺岁专用歌曲一首接一首，唱得一团喜气。最后，有过华南生活经历的人，再看到迎春花三字，脑中往往就开始自行配乐："好一朵迎春花，人人都爱它。"人人都爱的迎春花，在没有寒冬的华南，其实少见。大抵需要低温春化的迎春花，在华南温暖的气候里难以开得繁茂，故不如不种。如有种植，往往也是更适应华南的"云南迎春"黄素馨。要赏迎春花，最佳选择当属四季分明的长江中下游地区。

江南，早春二月，五九六九，河边看柳。看柳，柳芽可能尚只有米粒大，不如看花。何处看花？都市路畔尤其是水渠堤岸，常植迎春，作为绿篱。出门沿迎春花丛走一走，时不时会遇到一朵性急先开的迎春花。

矮丛长蔓乱纵横，一点轻黄缀其上，是一朵纤巧的小花，是一抹轻淡的嫩黄，让在冰天雪地的湿冷里阴郁了数月的江南人眼睛一亮、心中暗暖。

看到它，人们就懂了：春寒料峭，余冷未消，天尚乏蓝，地仍缺绿，无妨，拈一朵微笑的迎春花，未有花时且看来。如果迎春花开了，春天还会远吗？等到迎春花开满枝头，繁英璨璨簇金钿，百花千卉共芬芳的春天就到了。

近年，别称野迎春的探春花亚种黄素馨后来居上，因四季常青更宜绿化，渐渐侵占迎春领地。若觉无从分辨二者，记住两点即可：迎春盛花期无叶，且并无重瓣品种。

迎春早吐花

覆阑纤弱绿条长，带雪冲寒折嫩黄。
迎得春来非自足，百花千卉共芬芳。

〔宋〕韩琦《迎春》

迎春花
Jasminum nudiflorum
木犀科 / 素馨属

矮丛长蔓乱纵横，一点轻黄
缀其上，是一朵纤巧的小
花，是一抹轻淡的嫩黄。

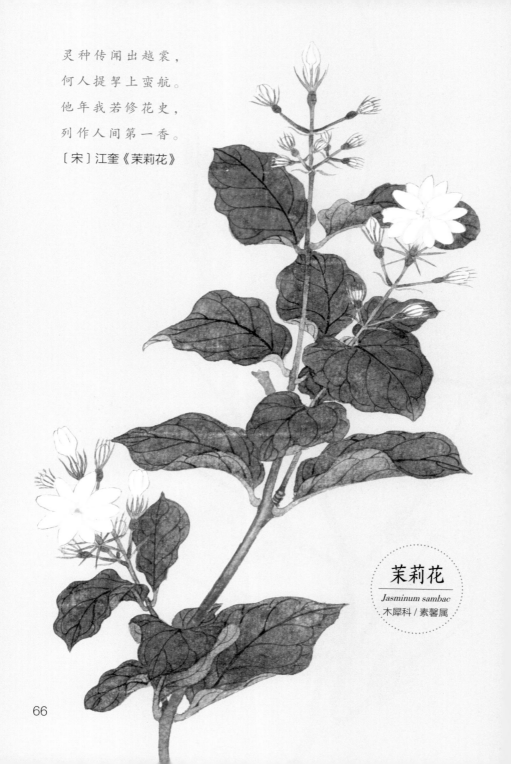

灵种传闻出越裳，

何人提挈上蛮航。

他年我若修花史，

列作人间第一香。

〔宋〕江奎《茉莉花》

茉莉花

Jasminum sambac

木犀科 / 素馨属

提起茉莉花，首先想到同名民歌，然后是茉莉花茶，最后才是茉莉花那一丛碧叶流光白花飘香。

那首中国人耳熟能详甚至唱到海外的民歌，是江苏民歌，故而自小理所当然地认为茉莉花是属于江南的花。要等到网络时代网购花苗时，才惊觉原来茉莉花在中国的天选之地，不是江南，而是华南。

江南和北方不是不能种茉莉，但只能盆栽，冬季得移入室内小心伺候，若非园艺能手，搞不好冬去春来便只剩盆而无栽。盆栽限制生长，在江南和北方居民心中，茉莉花永远是不足半米高的小小一株。万万没想到，在两广福建，它竟普遍身高一米五，且是若放任生长可能长到三米高的"巨木"。

茉莉花是亚热带植物的真相，若肯多翻翻古书，读读前人诗词，应该早就能发现。"红透荔枝日，香传茉莉风。""离离荔子丹，冉冉茉莉香。"茉莉荔枝同篇、华南风景宛然的诗句，比比皆是。

茉莉以香气在花花世界赢得江湖地位，花素白，不起眼，但醒鼻。一缕茉莉花香，几乎拂尽化妆品全领域。茉莉花配绿茶，有品种名碧潭飘雪，绿芽白苞，固然如画，但品茶之时，茉莉香浮碧椀新，"浸沉水，多情化作，杯底暗香流"，仍以香为品评重点。

作为亚热带植物，茉莉在印度常见又洁香怡人，被佛众青睐，视为佛花。冷艳幽芳雪不如，佳名初见贝多书。宋人李纲说茉莉之名出自佛书，至于出自哪一本，不得而知。东南亚诸佛国，喜串茉莉为花环，这件事情，《红楼梦》里爱看《太上感应篇》的迎春姑娘也做过，至于是在哪一回？请翻至第三十八回验证，并顺便围观林潇湘魁夺菊花诗。

乍晴芳草竞怀新，谁种幽花隔路尘？
绿地缕金罗结带，为谁开放可怜春？
〔宋〕范成大《沈家店道傍棣棠花》

春风吹棣棠

棣棠花
Kerria japonica
蔷薇科 / 棣棠花属

弹指流年惊暗换，
唯它始终绮色佳。

《诗经》有句："常棣之华，鄂不韡韡，凡今之人，莫如兄弟。"常棣，又作"棠棣"，此物为何？现代学者几经考证，仍未有确论。后人多有误解，以棣棠为棠棣。误解之肇因，虽有可能古人真以为两者是同一种植物，更大可能却是写文章的人纯因文字需要，但求音律和谐，以为将棠棣二字换个位置无伤大雅。

《声律启蒙》便是此中典型："燕我弟兄，载咏棣棠韡韡；命伊将帅，为歌杨柳依依。"如老老实实按《诗经》语句写成常棣，则与杨柳平仄相同，无法成对。于是，换位置。殊不知，正如猫熊不是熊猫，棣棠亦应非棠棣。

国人常以汉字博大精深为傲，但在植物名上，却往往为汉字误导混淆所苦。石竹不是竹，球兰并非兰……个中苦涩滋味，爱好植物又有验明正身强迫症者，应深有同感。正因如此，一众非专业花友，才不由得要五体投地向创立动植物双名命名法的林奈致以膜拜。

棣棠花，是蔷薇科棣棠花属唯一物种。如同绝大多数的原生种植物一样，花朵本为单瓣。作为变种衍生的重瓣棣棠花，不能结果。棣棠花色明黄，并无它色，繁花一树，金黄浓烈，尤为明艳。别名为白棣棠开白色四瓣花的鸡麻，并非棣棠花。

棣棠花虽被视为春花，以春四五月花开最盛，实际花期不止一季，重瓣棣棠花能自春至秋三季流金，春衬牡丹，夏陪玉簪，秋伴石蒜，称得上：弹指流年惊暗换，唯它始终绮色佳。

棣棠花日文名甚佳，为山吹，重瓣棣棠花则为八重山吹。因有动词在其中，故见山吹之名便深有画面感：棣棠青叶缀金，花枝随风拂摆的明丽景象，宛然在目。

探春花

Jasminum floridum

木犀科 / 素馨属

海棠枝俩山茶色，

未叶先花作么生。

道是探春春已半，

命我都不近人情。

〔宋〕张明中《诸公咏探春花》

《红楼梦》众姝，林语堂说他最爱探春，但不喜她对生母的态度。说句公道话，像赵姨娘那般市井为人，探春有母如此，莫说在嫡庶分明的时代难于向生母致以敬重，换到今天，但凡是个三观正明是非识大体的姑娘，也得有一肚子原生家庭的苦水吧。三姑娘纵才自精明志自高，终究是性情中人而不是佛。

书里迎春探春是堂姐妹，自然界里亦如是。迎春花与探春花，同一科属，都开淡黄小花，花形接近，叶子类似。最大差异恐怕还是花期。迎春是早春花朵，与梅、水仙、山茶并称雪中四友，立春之后的二月，绿叶未生，黄花先放。又名迎夏的探春花，要到五月才正式进入花季，于绿叶掩映间开一树黄花，彼时，迎春早已黄花消尽唯见绿叶满枝了。

探春花开时，已然立夏，实际上，春已归，无处探求，夏将至，当可相迎。迎夏之名，更合情理。探春之名之所以

> 书里迎春探春是堂姐妹，自然界里亦如是。

更为通行，除却命名人到底惦记着它是迎春花的姐妹，想来也因人们多少想借花名去探寻，去挽留那一丝最后的春意吧。

对比迎春探春二花花期，不由怀疑曹雪芹深谙花事，在迎春探春两位姑娘身上，投射了花的影子。四月春盛百花竞艳，迎春花却早已凋零，金闺花柳质的迎春姑娘也注定早赴黄粱。探春花期甚长，由五月至九月，只是花仍开而春已逝，远嫁的探春姑娘念及大观园前尘旧事，当只能一声叹息。

贾府如花般的四春，元迎探惜，原应叹息。好在今日读书观花的姑娘，情由自控，婚可自主。所以，对花不需自怜，何妨常迎常探常惜春。

龙船花如焰

几家桃李荐新鲜，艾叶榕枝处处悬。
黄茧裹绵装小虎，青蒲粘粽掇鸣蝉。
山翁趁午锄灵叶，野客题诗擘彩笺。
记得水仙宫畔里，龙船花外放龙船

〔清〕陈肇兴《端阳》

　　书上说：龙船花，又名百日红。这三字对龙船花来说，实在太过谦逊。在华南地区，即使开足三百六十五天只是人们的错觉，十月红或者三季红才是龙船花更应该拥有的别称，这绝对不算浮夸。

　　开着十字对称四瓣单花的龙船花，如绣球一般，以群聚取胜。绣球花色多雅淡，龙船花则花色浓烈，或赤红或橙黄，虽亦有白黄二色，但相对少见。在南国漫长的夏季里，龙船花由数十上百朵十字小花集成半球状伞状花序，一开就是一团红火、一个橙球，是华南烈焰炙烤下，由地上升起的无数个小太阳。

　　华南冬季虽短，一夜之间由夏入冬，且一连多日气温低至十摄氏度以下，也非罕见之事。喜高温不耐寒的龙船花，即使在一二月的"华南隆冬"里瑟瑟发抖到没心情开花，当不了花篱，但好在植株细密，叶常绿而光泽美，临时改业，充当绿篱，倒也不失风度。

　　龙船花虽是华南原生植物，但古诗文中少见。清人朱仕玠著《小琉球漫志》，有诗："柴门五月满蓬藜，闲把光风细品题。最爱千枝光照海，龙船花发四眉啼。"他自注道："龙船花，又名赪桐。高不盈丈，叶似桐花，红如火，一茎数十朵，五月竞渡时盛开，故名。"以叶似桐花这一点看来，只怕诗中所咏并非龙船花，而是同样花艳如火的马鞭草科植物赪桐。好巧不巧，百日红，也是赪桐的别名之一。

龙船花
Ixora chinensis
茜草科 / 龙船花属

龙船花一开就是一团红火、一个橙球，是华南烈焰炙烤下，由地上升起的无数个小太阳。

闲花开石竹

石竹并非竹，多年生草花而已。花名中有竹，或因其叶与初生竹叶近似，或因茎枝有节膨大如竹节。石竹易养，播一次种，萌芽成株，不久便发出满满一盆，此后不需多费心神，只要水土供给充足及时，便可自行一季又一季、一年又一年地花开满盆。

易种能开，那一丛赤粉白紫的绚烂，便被视为理所当然的存在。在许多人眼中，石竹为花品最微，野草闲花开满地，大概就是石竹花最常见的生存状态。旧时石竹多野生，篱落院侧，草丛石边，深浅紫，深浅红，猩猩血泼低低丛，随意纤秾，车马不临谁见赏，自开自落。现代石竹则都市常见，行道绿地，小区花坛，随处可见石竹五颜六色的细碎身影。然而，石竹终究不是引人注目的奇花异卉，而是仿佛与土地融为一体的背景板。

如肯驻足细看，便会发现石竹花真的很美。细碎小花，是五朵花瓣攒成的带精巧花边的圆。纯色，白的轻盈、红的浓烈；混色，或里色浅外色深，或内深粉边飘雪，每朵花都是调色高手。殷疑曙霞染，巧类匣刀裁，这句子用来形容石竹花再确切不过。

盆栽石竹，若养花人肯分一点爱心给它，每一波花期过后，花上几分钟替石竹修剪掉残枯的旧花枝，未几，被剪成秃头的石竹自会重新抽茎条发花枝，开出爆满花盆的花边舞裙。谁怜芳最久，春露到秋风，石竹这孩子，若给它一点爱心，就会灿烂一整年。

虽说石竹花常被视为点缀或背景板，倒不是所有石竹属植物都寂寂无闻，每逢母亲节便炙手可热的康乃馨，就是石竹的西洋姐妹花，名曰香石竹。

春归幽谷始成丛，地面芳敷浅浅红。
车马不临谁见赏，可怜亦解度春风。

〔宋〕王安石《石竹花》

石竹
Dianthus chinensis
石竹科／石竹属

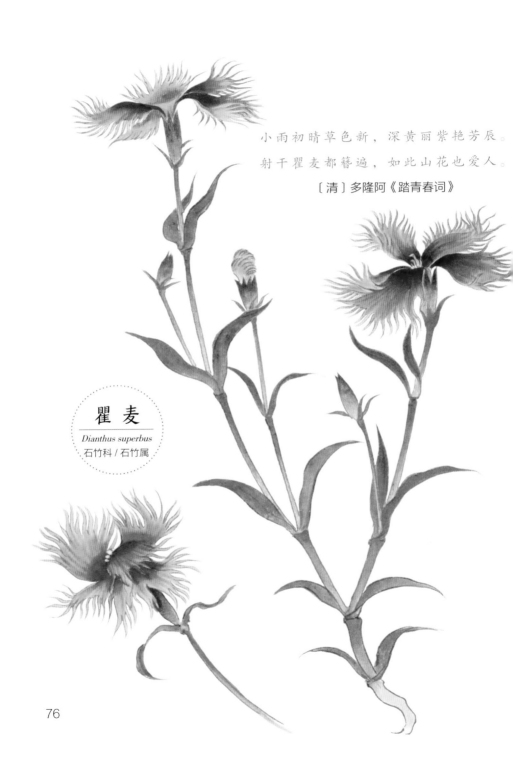

小雨初晴草色新，深黄丽紫艳芳辰。
射干瞿麦都簪遍，如此山花也爱人。

〔清〕多隆阿《踏青春词》

瞿 麦
Dianthus superbus
石竹科 / 石竹属

如果石竹很中国，康乃馨很西方，那么瞿麦则相对日本。

昔年，日本女星松岛菜菜子有部剧名为《大和抚子》，大和乃日本，抚子即瞿麦，大和抚子指代文静温柔富于美德的日本女性。

瞿麦并非麦，中文名之由来，据古医书云：子颇似麦，故名瞿麦。作为石竹属植物，瞿麦与石竹叶形颇相似，花均开五瓣。但与石竹那工整精巧的铅笔木屑形花边不同，瞿麦花瓣边缘是更为纤细深长的丝裂，丝丝缕缕，风中凌乱，不胜纤美。

日本文化向来注重时令，写俳句要带季语，选食材讲究不时不食。植物文化里有春七草、秋七草之说，各列七种植物作为季草，以便对之伤春悲秋，感受物哀之美。在地位有如《诗经》的日本作品《万叶集》中，瞿麦便已被认证为秋七草之一。

瞿麦虽花朵纤柔，但身为易养耐活能开花的石竹科植物，实际上生长盛放繁殖能力均不亚于石竹花。瞿麦平铺雪作花，一不小心，便会在田野、林原、河岸绵延不绝地开成一片。或者，正因兼具花之纤美与生之强韧，瞿麦才成了代表大和女子之美的不二之选。

在中日古籍里找瞿麦，会发现一件很有意思的事：在中国，作为药草，瞿麦多出现在医书里，"小草、瞿麦五分斩之，细辛、白前三分斩之，膏中细锉也"，如是等等；而在日本，它是季语，是秋七草之一，是温柔坚韧的女子，瞿麦之名常现身诗歌里，"隐恋避人眼，莫如瞿麦开出花，日日相见"。

瞿麦平铺雪

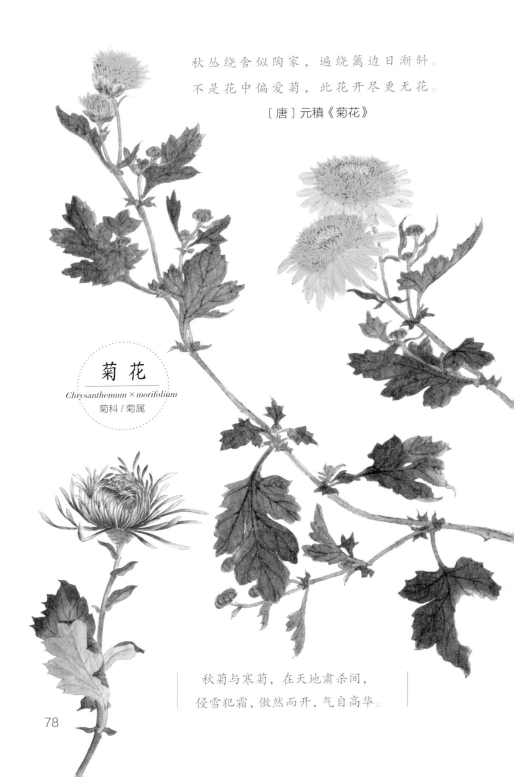

秋丛绕舍似陶家，遍绕篱边日渐斜。

不是花中偏爱菊，此花开尽更无花。

〔唐〕元稹《菊花》

菊 花

Chrysanthemum × morifolium

菊科 / 菊属

秋菊与寒菊，在天地肃杀间，

侵雪犯霜，傲然而开，气自高华。

莫负菊花开

自从陶渊明沉醉于菊，为它着迷为它写诗，菊，便成为中国古代士人心中隐逸的象征。但时至今日，菊花早已不是避世高人，不复田舍孤丛一枝黄。大小都市，每逢秋至，九十月间，即使不办一场隆重的菊展，也得用菊花盆栽在繁华街头摆出一个五彩造型，以示秋意。

菊展这一都市活动，彻底撕碎菊身上覆盖数千年的古典"隐逸"标签。喧嚣街头，周末公园，人来人往，万千盆栽云集，赤橙黄绿青紫，争妍斗艳，浮华热闹，东篱南山的隐逸野趣，早成远古前尘历史往事。

并不是所有的菊花都盛放于秋日。"季秋之月，鞠有黄华"，菊虽以秋花最盛，实际上，除却春天，菊开三季。农历五月和九月各开一次的，是夏菊，又名五九菊。花期自十二月至翌年一月的，是冬菊，也称寒菊。就连秋菊也分早晚，早的开于九月中下旬，晚开的晚至十一月间。

作为冷秋与凛冬盛放的花朵，秋菊与寒菊，从早秋九月到隆冬一月，在天地肃杀间，侵雪犯霜，傲然而开，气自高华，一派潇洒，确不负数千年间士人对它的钟爱之情。

说起来，菊原非避世之花。菊花茶，菊花酒，夕餐秋菊之落英。菊任人啜饮，入世甚深。故，所谓隐逸，实不在南山下东篱边，而在于内心。现代社恐人士，不如大隐隐于世，于水泥森林中，自造恬淡心境，仍可以菊为逸友，人淡如菊。

佛系文殊兰

文殊兰，名中有兰，却不是兰，是石蒜科植物，与因彼岸花之别名而众所周知的石蒜同属石蒜大家族。在华南地区常见的文殊兰，叶丛生、厚长如剑、浓绿青翠，一茎十数朵的线形白花，绽放时并不惊艳。它的名中有佛，的确是佛系之花。南传佛教有五树六花之说，文殊兰便是六花之一。

综观六花，其实没有开得色彩斑斓气势张扬的花。六花的花色，非白即浅黄，都是色淡雅而香清幽的类型。或许，正因那一丛沉静的青叶、一茎纤微的白花，文殊兰才得以与清修无欲的佛、与花中君子的兰产生关联吧。

文殊兰名中之文殊，乃文殊菩萨也。作为大智慧之象征的文殊菩萨，左手持青莲花，上置般若经，蕴含无上大智慧，右手执金刚宝剑，慧剑锋利，能斩除世间众生一切烦恼。

然而，身为佛系花朵，文殊兰却拥有蕴含着浓厚世俗情感的花语：与君同行，夫妇之爱。

或者，为文殊兰创作出如此花语的人，深谙婚姻之道：婚姻需要大智慧，需要如菩萨般自度度人，才能最终得以执子之手，同行白首。又或者，被情感苦恼一生的人们最终绝望地发现：即便大智慧如文殊，手中慧剑亦未必能斩断情丝，尘世男女之间那些贪嗔痴怨爱恨的烦恼，斩之不尽，除之即生。

> 文殊兰却拥有蕴含着浓厚世俗情感的花语：与君同行，夫妇之爱。

所以，羁旅之中的日本诗人柿本人麻吕对着遍野佛系文殊兰，却仍发出相思难禁的烦恼吟唱：三熊野浦边，文殊兰百重，心中相思起，恨难即相逢。

色相何曾似九畹，人云兰亦曰兰然。

拈来漫拟称名误，应是文殊示别传。

〔清〕弘历《金廷标秋英十二种·其一（文殊兰）》

文殊兰

Crinum asiaticum

石蒜科 / 文殊兰属

小于玉罂大于钱，好侑流霞玳瑁筵。
李白若逢应却置，解醒那及瓮头眠。

〔清〕弘历《题邹一桂花卉卷·其九（金盏花）》

金盏花
Calendula officinalis
菊科 / 金盏花属

在二十世纪的爱情故事里，金盏花充当着传情递意的花使，述说着"别离"的花语，并玩起文字游戏式的浪漫：送你两盆金盏花，负负得正，别离了别离，是以永不别离。

后来才知道，金盏花的花语还有许多版本：伤感，迷恋，嫉妒……花语关情，花名金盏，或因在古老的从前，女人看它是一丛灼痛的哀愁，而男人看它如金币似酒盏吧。

如果，去问一个现代都市女子：知道金盏花吗？听到的回答会是什么？答案十有八九与那一堆关联着爱与情感的花语词汇了无关系。

绿化道如菊金黄的花丛，护肤品货架上的金盏花水，玻璃壶里浸着的金盏花茶，答案大抵如是。或许，在西方传说里与圣母玛利亚相关联并得名 pot marigold 的金盏花，注定是一朵女人花。即使人们忘却花语的魔咒，忘却金盏花与"爱"之关联，金盏花终究要以更接地气的方式走进女人生命的另一大议题：美。

既然爱不能挽留，至少美值得追求。金盏花几丛，女人们养它涂它喝它。春播秋种，窗台上点缀一排明黄的金盏花，再苍白的日子也会变得闪亮吧！晨涂夜抹，悉心呵护肌肤的金盏花水，会一如别名常春花，成就春天常在的花样容颜吧！轻啜慢饮下一杯金盏花茶，应能缓解焦虑消融脂肪安抚生理痛吧！

在与金盏花携手相度的这平凡日常，其实也是现代女人与金盏花联手玩耍的一场负负得正的花语游戏：有了花有了美就已经足够，足够她们自我拯救或自我成就，然后，笑着别离伤感、别离迷恋、别离嫉妒。

芳意结春兰

从前，故乡小城，春三四月，街上会有人卖春兰。行人尚离得很远，已于市井气息杂糅的复杂空气间，嗅到幽香阵阵。卖春兰的摊前，都是被兰香勾引而来的人。

买春兰的人，多半是女子。买一束花枝，回家插瓶，赢得数日香。买两株植株，归宅入盆，做着来年春兰开的好梦。

除非养花人是艺兰高手，盆植的野生春兰，鲜少有开花的。离开了深山密林的野兰，在都市的花盆里，不枯死，也不开花，甚至有时连新的叶子也不肯长出来，就这样不茂不灭地活着，仿佛在赌气，又仿佛远离深山的怀抱后，哀莫大于心死。

即便把采来的野生春兰地栽，种在庭园中菜园畔，它也很少会开花，依旧槁木死灰一般地寂然。春夏秋冬，容颜惨淡，深深沉溺于它对故土的思念中。

园艺栽培兰花是一门精致学问，故种花是种花，养兰却被称为艺兰。

把春兰带回来，原本是因为爱它啊。年复一年，拥有野兰盆栽的人，每每看到那一盆失魂落魄的春兰，大概都会心头一痛：我的爱其实对你是一种伤害！许多买过野兰的人，后来，再也不愿从采兰人手中买花，也力劝他人不要购买。没有买卖就没有伤害，这样的句子同样适用于幽林野兰。园艺栽培兰花是一门精致学问，故种花是种花，养兰却被称为艺兰。一般人养不好兰花，一不小心便如郑板桥般：阅尽荣枯是盆盎，几回拔去几回栽。

不是艺兰高手，却又深爱兰花，大抵只有三条路可走：一是对着兰花画谱画饼充饥；二是不放过一切兰展；三嘛，林木自春兰自芽，游山过我兴何赊，对春兰最好的爱之表达，就是去探望自然中的春兰并且绝对不要把它带回来。

婀娜花姿碧叶长，风来难隐谷中香。

不因纫取堪为佩，纵使无人亦自芳。

〔清〕玄烨《咏幽兰》

春兰

Cymbidium goeringii

兰科 / 兰属

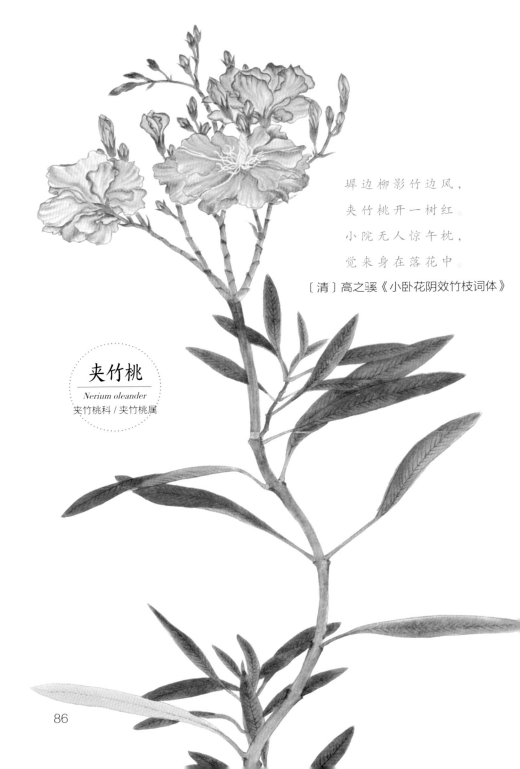

埤边柳影竹边风，

夹竹桃开一树红。

小院无人惊午枕，

觉来身在落花中。

〔清〕高之骙《小卧花阴效竹枝词体》

夹竹桃

Nerium oleander

夹竹桃科 / 夹竹桃属

四季夹竹桃

夹竹桃，非竹非桃。名之由来，乃因古人认为它似竹又似桃。

有人认为叶如桃枝似竹："叶如桃叶回环布，枝似竹枝罗列生"，"树干有节如竹，叶如桃"。有人则认为叶如竹花似桃："布叶疏疑竹，分花嫩似桃"，"娇艳类桃花，叶狭长类竹"。

夹竹桃花色多浅粉深粉，单瓣或重瓣，单瓣品种花冠五分深裂，五出粉花盈盈，娇艳颜色与桃略似，远看一树粉红绚烂，更类桃花满枝。至于它叶脉分明的披针形狭长绿叶，究竟像竹叶像桃叶还是更像柳叶？全由看花人自己做主。

在华南地区，夹竹桃全年无休，花开不止，一年四季，逐旋开放，浅粉淡红，烂漫妖媚，现今广深两市街道随处可见，堪称华南最强街花。

佳人佳士成佳偶，
碧桃璧合青琅玕。

古时爱花人士，若见夹竹桃花开绚烂又四时堪赏，肯定赏之爱之继思占有之。但携归江南冀北后，情况转为不妙，赏花有时，烦恼更有时。明代杭州人高濂就感叹："然恶湿而畏寒，十月初宜置向阳处放之，喜肥不可缺壅。"王稚登则显豁达："章江茉莉贡江兰，夹竹桃花不耐寒。三种尽非吴地产，一年一度买来看。"冻死就冻死吧，反正既然爱花，就年年买它。

竹桃同列于名，有诗句赞赏：佳人佳士成佳偶，碧桃璧合青琅玕。可也有闲情到处乱寄如李渔诟病："花则可取，而命名不善。以竹乃有道之士，桃则佳丽之人，道不同不相为谋，合而一之，殊觉矛盾。请易其名为'生花竹'。"是夹竹桃之名佳，还是生花竹之名强？历史自有公论：谁闻名于二十一世纪，谁就赢了。

中国古时文人墨客如看到满目黄水仙铺天盖地明亮鲜艳，将做何感想？在中国古人甚至现代人心目中，水仙永远不会聚集成丛，永远不会漫山遍野，永远只是春节室内的一盆清供，孤、寂、清、冷。一盆足矣，太多，则不孤雅不脱俗不清绝，不符合水仙寒香寂寞的形象。

可是，漫山遍野或许就是水仙本来的样子。并非中国原产的法国多花水仙，东渡之后受尽爱宠。国人珍之重之，供之赏之，大抵从未想象过它委身大地成群结队的繁花景象吧。

如果让所有赞美水仙素淡脱俗的中国古人看到遍地鲜黄一片繁花，看到与白花黄心的清雅完全不同的灿烂，在受到视觉冲击后，他们会由衷赞美黄水仙吗？也许，对于习惯水仙高雅形象的古人来说，对黄水仙最大的宽容，可能会将它比作下凡历劫的谪仙、误堕凡俗的高士。因为，对美的接纳与欣赏，人们总免不了既往经验的自我设限。

如同中国诗人对水仙的热忱，欧洲诗人也热衷于讴歌黄水仙的繁盛，惋惜它的凋落。威廉·华兹华斯看到它的明丽欢畅："突见一片金色水仙，簇在树下聚集湖边，风中摇曳漫舞翩翩，如银河繁星，璀璨连绵。"罗伯特·赫里克感叹它的美好易逝："美的黄水仙，凋谢得太快，我们感觉着悲哀；连早晨出来的太阳都还没有上升到天盖。"

正因美好，更易消逝，清雅如中国水仙，灿烂如黄水仙，只消数个黄昏便见凋零。与其如赫里克般感慨"我们也只有短暂的停留，青春的易逝堪忧；我们方生也就方死，和你们一样，一切都要罢休"，不如看花看花再看花，管它是一盆清幽玉玲珑还是一地缀锦黄水仙。

黄水仙

Narcissus pseudonarcissus

石蒜科 / 水仙属

When all at once I saw a crowd,

A host, of golden daffodils;

Beside the lake, beneath the trees,

Fluttering and dancing in the breeze.

Continuous as the stars that shine,

And twinkle on the milky way.

[英] 威廉 · 华兹华斯《水仙》（节选）

惨碧蒙茸覆小山，胭脂渍露晓潸潸。

雾绡夜剪鲛人锦，茉带寒吹燕女鬟。

冷艳花姑惊弄色，妖妍阿紫自低颜。

却怜华落秋妆怯，好拭红绵映指环。

〔清〕彭孙贻《紫茉莉》

紫茉莉
Mirabilis jalapa
紫茉莉科 / 紫茉莉属

"这不是铅粉，这是紫茉莉花种，
研碎了兑上香料制的。"

村花乡草，紫茉莉一定榜上有名。朋友们说起遇到它的地点，多半在乡下墙角篱边，最多在小镇院落街沿。

在乡下，它九成不叫紫茉莉，或许是晚饭花、煮饭花，或许是夜来香、地雷花，又或许是白粉花、胭脂花。和它年年相见的老农，只知它花开红紫，不知它官名紫茉莉。

紫茉莉种子全黑，生得玲珑精巧，表面斑纹褶皱有如人工镂刻，确似一枚枚小小地雷。观者总忍不住摘下把玩，再随手抛弃。越年，地雷落处地雷花长，到得夏季，紫花盈盈夜来香。

虽名紫茉莉，紫色之外，尚有红白黄。如四色茉莉并植，风过处，花粉互通有无，紫茉莉花丛不再纯紫满红全白淡黄，而开始紫黄相间，红花带黄，白底洒紫，黄花白纹，艳彩斑斓。

晚饭花、夜来香，在别名里它都属于黄昏。只是，若认真观察过一棵长在乔木荫蔽下的紫茉莉，便会发现：如无强光直射，它那五角星状的花冠并不会闭合，若给它一片树荫，它便绽放整个白天。

可是，野生或被漫不经心地播种在户外的紫茉莉，能有几株刚好生在大树轻荫下？紫茉莉整个花期，由仲夏六月至暑气犹在的十月，天气炎热，光线强烈，它才不得不于昼间紧闭薄如紫绡的花冠。花开之时，自然选择相对清凉的傍晚夜间清晨。

紫茉莉在《红楼梦》里曾被酷爱研制脂粉的宝玉点名道姓："这不是铅粉，这是紫茉莉花种，研碎了兑上香料制的。"紫茉莉如地雷般的黑种子里包藏着白粉质地的胚乳，明清之际，常被用来作为胭脂水粉的原料，绾髻能增艳，和铅可点唇，是以，它又有别名胭脂花。

幸有洋甘菊

母菊之名，鲜有人知。洋甘菊，都市女子却均耳熟能详。即便不曾喝过据说有舒缓压力、安眠镇痛功效的洋甘菊茶，所用化妆品成分中多多少少也常见洋甘菊的名字出没。而母菊，正是洋甘菊之一种。

都说菊科是个大坑，名字与植物正确匹配的大坑。自然界中，如母菊般摇曳着白花黄蕊的小小菊花数不胜数，乱菊迷眼，放一起尚能勉强比对差异，偶见其中一种，当真很难知道它姓菊名谁。

其实，与有叶柄有舒展叶片的一般小白菊相比，母菊的个性，在于叶子并非叶片，无柄，羽状细裂，矩圆形或倒披针形，细长纤微，很易识别。所以，假如有人指着一把叶子带柄而叶片宽大舒展的黄心小白菊说是洋甘菊，那么完全可以恭喜他又被菊科植物坑了。

洋甘菊在欧洲常见，自古便受青睐，采摘加工入药，晒制成茶而饮，提炼精油而用。母菊在中国新疆西北部均有野生，但何时被国人有意识地栽培和利用，不得而知。

甘菊二字，在大多数情况下用于泛指一切带甘味的菊花。自然界生长的菊科植物已难区分，从缺乏植物学知识的古人笔下寻找洋甘菊的中国踪影，更是难上加难，不如知难而退，将考证问题留给专业人士，安享洋甘菊的种种好处就好。

除母菊外，也被视为洋甘菊的植物，另有同科异属的果香菊（*Chamaemelum nobile*，又名白花黄春菊）。作为区分，植株无毛的母菊常被称为德国洋甘菊，植株带毛的果香菊则为罗马洋甘菊，两者差异极小，香味略有浅深，功效大抵一样。

洋甘菊自古便受青睐，采摘加工入药，晒制成茶而饮，提炼精油而用。

南阳佳种传来久，济用须知味若饴。

苗可代茶香自别，花堪入药效尤奇。

〔宋〕史铸《甘菊》

母 菊

Matricaria chamomilla

菊科 / 母菊属

淡然水仙妆

全世界都迷恋水仙花，自它东来华夏，中国人花费一千余年的时间精心侍弄，金盏银台是单瓣的它，玉玲珑是重瓣的它，凌波仙子说的也是它。康熙皇帝誉它为"凌波第一花"。《红楼梦》里，林姑娘怕药味熏坏了它。希腊美少年那喀索斯（Narcissus）临波照影，自恋不已，干脆变成了它。

世人对水仙以水为生津津乐道，赞它不许淤泥侵皓素，全凭风露发幽妍。但它那得水能仙天与奇的不染凡尘，只能一阵子，并不能一辈子。冬日清供，一个隆冬，抽茎放花，碧叶长长，金盏纤纤，银台盈盈，便已耗尽水仙鳞茎在土中潜藏三季的养分储备。花凋后，水仙终须走下仙坛，归于尘土。

这世间，喜水植物虽有，但大多数植物仍须扎根泥土才能根繁叶茂。依其天性即能无土而生的，大抵只有漂浮型的水生植物，如浮萍、布袋莲等。当然，有的植物脱土水培也能活下来，现今流行的绿萝、富贵竹等即属此类。可是，如若你见过它们土生土长的样子，就会懂得：一瓶清水的供养，于这些所谓水培植物，其实是一种苟延残喘式的囚禁。

水仙，甚至连绿萝这样的全年脱土水培也做不到。它最美丽的日子，它凭借些许清水即可韵绝香仍绝的日子，是向自土中掘出的鳞茎借取而来的。花渐谢，春将到，根已生，便是它质本土来还土去的时候。

而三季过后，又是一个冬天，它再将成为凛冬里春节中的案头清供，三星细滴黄金盏，六出分成白玉盘，青叶素花，凌波盈盈，照水顾影，凭风送香，清雅绝尘。

水 仙

Narcissus tazetta var. Chinensis

石蒜科 / 水仙属

得水能仙天与奇，

寒香寂寞动冰肌。

仙风道骨今谁有，

淡扫蛾眉簪一枝。

〔宋〕黄庭坚《刘邦直送早梅水仙花四首》

簇簇红葩间绿荄，阳和闲暇不须催。

天教尔艳呈奇绝，不与天桃次第开。

〔宋〕王令《木瓜花》

毛叶木瓜

Chaenomeles cathayensis

蔷薇科 / 木瓜海棠属

木瓜原是中国特有古木。

投我以木瓜，报之以琼琚。

菜园边杂木丛，村中大叔垦荒种上小树苗。翌年，开出浅粉淡朱的小花朵，近看，原来是木瓜海棠。又一年，挂上椭圆青果，诱得二十米远的公路上，总有人过来采摘。采集原是人类天性，遇到不相识的果实第一问题就是能不能吃。摘果人显然不认识木瓜海棠，不然从树下至路旁，不会一路都是咬了一口就抛弃的果实。

木瓜海棠的果实，香而极酸，不宜生食，但可泡酒能入药，它并不似番木瓜属的番木瓜（*Carica papaya*），能以水果身份行世。

木瓜海棠很尴尬，它既非人们普遍认知的海棠（苹果属），也不是被赋予美丽功能的番木瓜。它是兼有木瓜和海棠之名，却又被番木瓜侵占姓名的木瓜海棠属植物。

木瓜原是中国特有古木。投我以木瓜，报之以琼琚。先秦人民礼尚往来之物，并非明代才传入中土的外来物种番木瓜，而是木瓜海棠那黄底红晕芳香宜人的卵圆或长圆果实。

毛叶木瓜是 *Chaenomeles cathayensis* 的中文名。也许因它那春雨燕脂花的纤美花朵与海棠花近似，不知从哪年哪月起，它就和被称为贴梗海棠的同属皱皮木瓜（*Chaenomeles speciosa*）一起，被赋予海棠之名，与苹果属的西府海棠（*Malus × micromalus*）、垂丝海棠（*Malus halliana*）组合出道，成为异属同列的海棠四品。

木瓜海棠属五种，木瓜（*Chaenomeles sinensis*）、毛叶木瓜、皱皮木瓜、日本木瓜（*Chaenomeles japonica*）、西藏木瓜（*Chaenomeles thibetica*），都开着楚楚动人的五瓣花，或粉或红，千般婀娜。可是，有谁会帮它们从番木瓜手中夺回原本属于它们的名字呢？

一树木瓜花

锦葵旌节花

乍看，锦葵与蜀葵类似，均一茎独立直上，花朵绕茎逐节漫开。细观，锦葵蜀葵差距明显：蜀葵枝高丈余，而锦葵不足一米；蜀葵花大瓣重，锦葵花小如钱；蜀葵色彩缤纷，锦葵仅紫白两色。同为家舍篱落常见草本，枝叶花均大一号的蜀葵浓艳烂漫，相形之下锦葵就显娇艳可人，两者并植，亦算相映成趣。

历代学者考证认为《诗经》"视尔如荍，贻我握椒"之荍，即锦葵。爱了，就看你如同一朵锦葵花；爱了，就送你一把好花椒。从前的爱情，是锦葵与花椒的简单纯朴，说不定反而能天长地久。

绿竹琅玕色，红葵旌节花。园植锦葵，多为紫红色，浅粉底深紫纹，文彩可观，五出花瓣，每一瓣均如小小心脏，五心聚合簇成花径不足四厘米的小小花冠，古人见它小如一文钱，锦葵便得名钱葵。如钱的小花自下而上逐节绕茎而开，岌岌旌节耸，尤其是白花锦葵，更神似苏武出使手持之旌节，锦葵便又得别名旌节花。

碧叶似肾脏，紫瓣如心脏，锦葵或许确是更具五感灵性的植物。科学家认为，植物亦具听觉、嗅觉、触觉，更称锦葵是对外界声响反应最快的植物。如此说属实，那么，满腹心事却不知脉脉此情谁诉的人，将不需再费心力满世界寻找树洞，只需种一丛锦葵对它尽情倾诉。

> 《诗经》"视尔如荍，贻我握椒"之荍，即锦葵。

科研人员忙着探索植物的秘密，普通人则忙着探索植物变成食物的可能。据说，锦葵花也是可以当作茶饮的，冲泡后添加柠檬会由蓝转变粉。不过不需惊奇，这点变色小魔术，紫苏叶也可以做到。

锦 葵

Malva cathayensis

锦葵科 / 锦葵属

风扫飞花雨濯埃，锦葵将发麝萱开。

思量造物恩何厚，看取南薰入抱来。

〔宋〕许及之《山房》

99

东风袅袅泛崇光，

香雾空蒙月转廊。

只恐夜深花睡去，

故烧高烛照红妆。

〔宋〕苏轼《海棠》

垂丝海棠

Malus halliana

蔷薇科 / 苹果属

怡红公子院里的怡红快绿，绿的是芭蕉，红的是海棠：乃是一棵西府海棠，其势若伞，丝垂翠缕，葩吐丹砂。后来这株海棠枯死半边，贾宝玉开始担心会应在一众女孩儿身上，果不其然，俏丫鬟抱屈夭风流，随后晴雯就没了。

确如宝玉所想，海棠宛如豆蔻年华的青春少女，娇柔纤美，含苞时花色最红胭脂点点，满开则红晕粉染淡妆天然，凋零时色褪香残微粉近白。花开之际，半月暄和留艳态，绰约风姿，不逊樱花。樱花七日，最美不过一周，海棠近似。是以，古人虽不至于如日本人般樱花树下围坐宴饮，却也深知惜花须惜海棠花，夜深恐睡高烛照红妆者有之，风骤雨密愁它绿肥红瘦者有之。

海棠花向来为国人所钟爱，侍儿扶起娇无力的杨玉环被喻海棠春睡，大观园众女儿见花兴起而结海棠诗社。海棠，是丽人，是花中神仙，亦是庭园里和玉兰、牡丹、桂花联袂出演的玉棠富贵。

大概，正因对海棠爱之深，旧小说里总有一名女子名唤海棠。而许多花开纤柔动人的植物，亦被赐予海棠之名，被称为木瓜海棠、贴梗海棠和倭海棠的三"海棠"，其实是如假包换的木瓜，分别为毛叶木瓜、皱皮木瓜和日本木瓜。至于秋海棠，也不是秋天开的海棠花，而是自成一科的秋海棠科植物。

仿佛回应苏轼只恐夜深花睡去的担心，日本作家川端康成写道：凌晨四点醒，见海棠未眠。世间亦有昼开夜合或昼合夜开之花，但海棠开时当真不眠不休，拼尽一生休，尽君昼夜欢。无怪乎川端康成要感叹："如果说，一朵花很美，那么我有时就会不由地自语道：要活下去！"

玉兰花似雪

　　植物若能幻化成人，玉兰，应该是一名男子，高大挺拔、长身而立、玉树临风、面如冠玉的那一种。春日，白冠胜雪温润如玉；夏秋，青衫淡泊风神俊雅；凛冬，玄衣素裳爽朗清举。

　　春三月的玉兰园，正当花期，高树繁花，处处木兰花似雪，迎风含态姿超绝。观花众人，只能含情仰望，爱之赏之欣之羡之。其情形，大概与舞台下为偶像组合歌喉舞姿而沉醉的粉丝一般无二。许多时候，植物就是明星，人类就是沉溺花朵美色的花粉，欲罢不能聊以怡情。

　　玉兰，花名甚多。古雅如木兰：朝饮木兰之坠露兮，夕餐菊之落英。别致如辛夷：谷口春残黄鸟稀，辛夷花尽杏花飞。俏皮

腻如玉指涂朱粉，光似金刀剪紫霞。

从此时时春梦里，应添一树女郎花。

　　〔唐〕白居易《题令狐家木兰花》

102

如木笔：松下岩泉犹带墨，风前木笔漫生花。不知为何，玉树临风如玉兰，竟还有不合理的花名如女郎花：从此时时春梦里，应添一树女郎花。

明清人士或有一说，认为辛夷、木笔均非白玉兰，而特指紫玉兰（*Yulania liliiflora*）。这一说法恐有不妥。高枝濯濯辛夷紫诚然有之，但君不见唐人白居易诗里辛夷花白柳梢黄，宋人赵长卿词中东风卷尽辛夷雪，开白花的玉兰一样是辛夷。

明人文震亨写《长物志》，对白玉兰不吝溢美"如玉圃琼林，最称绝胜"，却鄙视紫花即辛夷，连给白玉兰当婢女也不配。好在现代人很博爱，紫玉兰登公园入庭院，花开亭亭，紫蕊似幻，与白玉兰分庭抗礼，且更胜一筹：因与大多数白玉兰相比，紫玉兰往往会于初秋八九月再多开一季。

玉兰也是长寿植物，清人戴名世文中记载：玉兰在佛殿下，凡二株，高数丈，盖二百年物。你的城市是否也有一株百年古玉兰，花开时，依旧茂密繁多、望之如雪呢？

玉 兰
Yulania denudata
木兰科 / 玉兰属

阑边不见蘘蘘叶，

砌下惟翻艳艳丛。

细视欲将何物比，

晓霞初叠赤城宫。

〔唐〕薛涛《金灯花》

石蒜满地红

石蒜，原产中国。人们津津乐道的彼岸花和曼珠沙华，其实都是日文名而已。石蒜花之古名，曰金灯。只是，古之金灯花并非全指今之石蒜花，亦包括开黄色的忽地笑（*Lycoris aurea*）和其他石蒜属植物。

石蒜属在中国有十数种原生种，且都美丽出众。忽地笑黄丝笑蕊明朗艳丽，红花石蒜（*Lycoris sanguinea*）橙黄秀美珍奇罕见，长筒石蒜（*Lycoris longituba*）洁白清纯高雅大方，香石蒜（*Lycoris incarnata*）白中间紫暗香幽幽，无一不美。

石蒜独得世人青眼成为家族代表，一因红得太过浓烈决绝，殷红成片尤其如泣如诉惊心动魄；二因花瓣最为纤细且极尽翻卷，花蕊全无遮挡漫舞纷飞，花型张牙舞爪不可一世；三因石蒜较同属植物花期要晚，恰值秋分时节，秋本

石 蒜

Lycoris radiata

石蒜科 / 石蒜属

萧瑟，石蒜红焰自就显得格外动人。

日本人惯于春分秋分时节祭祀祖先，故将包括春分秋分在内的前后七日各称为春彼岸、秋彼岸。秋彼岸时节，正值石蒜花开，彼岸花得名也源于此。野生石蒜惯长于阴林湿地坟头墓边，扫墓人乍见一丛红花，难免睹繁花而伤凋零，在这花叶不相见的植物身上衍生出诸般生离死别彼岸传说。

中国古人却不因石蒜秋开而见之伤怀，反而频频赞美"金灯，隰生，花开累累，明艳垂条"，"遍壑皆金灯花，绮错如绣"，"穿山甚广，重九登高，灿若丹霞，亦奇草也"。虽亦有人因花开无叶而嫌恶之，称它无义草，但它在古人笔下始终是生机盎然得浓烈，苞舒绛彩照煌煌，成丛灼灼斗丹妆，一如金灯之名，满纸绮色灿烂。

鹿葱花挺挺

石蒜属植物中国原生十余种，名中无石蒜二字者，仅忽地笑、鹿葱、换锦花（*Lycoris sprengeri*）三者。较之以彼岸花之名闻名天下的石蒜，鹿葱一花，恐怕只有植物学者、中医药师和少数植物爱好者知晓。

奈何天下人但见花开不辨花叶，只观花形不分花色。古人看花但凡有两分眼熟或与已知之花有三分相似，就想当然地张冠李戴。鹿葱花色淡紫浅粉，与萱草常见之黄橙迥异，仅叶形略似花冠相仿，便莫名而成萱草别名。被诗人们强拉硬拽着在各种咏萱草的诗里友情演出，如有一诗名《秋萱》："说著宜男已可羞，移栽老圃且忘忧，传为麝种生来别，唤作鹿葱元是愁。"

无怪乎清末学者俞樾，因咏琼花而念及聚八仙花同异之辩，勾起植物同名重名混淆混乱之新愁旧恨，大发牢骚："何者鹿葱何者萱，孰为苦蕒孰为菊。芙蓉菡萏今同名，牡丹芍药古一族。古今时异物亦异，未可故见拘碌碌。"俞曲园若通西学，知西方已生林奈已有植物双名命名法，当会击节叫好。

鹿葱与石蒜相同，花开不见叶。鹿葱叶春秋生而花夏季开，故其日文名为夏水仙。夏八月间，花葶自土中挺出，茎端一簇数朵，花被裂片六枚。古籍《群芳谱》说："萱六瓣布光，而鹿葱七八瓣。"此说不确，鹿葱多为六瓣花，因基因环境变异偶有七八瓣。故此，《群芳谱》虽知鹿葱非萱，却极可能又藜芦鹿葱混淆，其说"鹿喜食之，故以命名"，这话就不能太当真。

鹿葱英文名颇多：naked lady, surprise lily, magic lily, resurrection lily，有些与石蒜属姐妹共享，但都很贴切。鹿葱，不，石蒜属众花，的确是令人惊奇的魔幻之花啊！

宫后扇开青雉尾，羽人衣翦赤霜文。

农皇药录真无谓，不向萱丛辩纠纷。

〔宋〕晏殊《鹿葱花》

何者鹿葱何者萱，
孰为苦意孰为菊。
古今时异物亦异，
未可故见拘碌碌。

鹿葱
Lycoris squamigera
石蒜科 / 石蒜属

一枝才谢一枝殷，自是春工不与闲。

纵使牡丹称绝艳，到头荣瘁片时间。

〔宋〕朱淑真《长春花》

长春花

Catharanthus roseus

夹竹桃科 / 长春花属

中国古文献中出现的长春花，或为又名月月红的月季花，或为开黄花的金盏花，九成九并非今日之长春花。

长春花三字，一如百日红，动不动就被放在花期漫长的植物身上。汉字原本博大精深，字与字排列组合，意蕴无穷。可是，替植物命名时，汉字似乎又显得不够用，不然，何以植物会如此频繁地撞名？幸好，到了现代，有拉丁学名可以帮助纠正张冠李戴的现象。

现代的长春花，夹竹桃科长春花属，多年生亚灌木植物，本非中国原产，故中国古籍里的长春花不是它也实属正常。长春花喜高温惧严寒，其巅峰状态，在中国仅限于温暖地区如华南港台诸地，花期几乎覆盖全年。江南一带，长春花虽做不到日日开花，但论花期之长，仍可在群芳中名列前茅。北方苦寒地带，长春花便只能盆栽，且要在寒冷之时请它登堂入室。

长春花为五瓣花，从前粉白两色居多，现在园艺品种层出不穷，姹紫嫣红争奇斗艳，色卡占有率逐年提升。长春之美，花色多样是其一，与众不同处在于花眼。所谓花眼，因长春花瓣笼成如高脚碟盘般的花冠，花心深陷如眼，花蕊潜藏其中。长春花之特别，便在于花瓣之色与花心之色往往相异，园艺培育又在这方面特别着力，红眼白眼黄眼紫眼等等，各成系列，各擅风情，俏丽灵动，美不胜收。

路遇长春花，不妨多看两眼，辨明花色，回家做做自然观察笔记，记下一日所遇是蓝花白眼呢还是粉瓣黄眼呢。日日长春日日记，不也是一件非常好玩的事吗？

中国古文献中出现的长春花，九成九并非今日之长春花。

野蔓忍冬花

晚春时节，清晨，村中女子去池塘浣衣。衣摆动处，涟漪圈圈，向外推送，越推越大，推到对面岸边，春霭渐散，水面映一轮红丸，抬眼处，岸堤上，野蔷薇伴着金银花，一堆又一堆，拉拉扯扯，枝生蔓绕，蔷薇将凋忍冬正盛，开出一丛丛淡粉雪白浅黄。若有风过，隔岸的浣衣女便能鼻息俱香。未几，晨霭散，旭日升，那一蓬蓬野蔷薇金银花组合而成的大型香花束，便蜂蝶纷纷抱芳蕊，热闹非凡了。

忍冬清馥蔷薇酽，薰满千村万落香。此番风景，暮春乡野，大抵村村如是。忍冬是官名，金银花是别名。忍冬之名，因绿叶凌冬不凋。金银花之名，因一蒂双花先白后黄。别名的知名度更胜一筹，大概是因金银双花的特征太明显，更易于让人们于万千花朵中对号入座认出金银花来。

花色由白转黄，并非如民间故事里讲述的那般浪漫动人：名为金花银花的姐妹俩吞下神丹，相拥而化身金银花，成为药材以解人间瘟疫。正如人老珠黄，银花成为金花，仅因花期将尽花朵老矣欲衰矣。科学总是这般残忍现实，故人们才如此津津乐道于一切漏洞百出的植物传说吧。

忍冬有变种红白忍冬，花冠外紫红内洁白，开到后期也会转成外红内黄。美人迟暮，终不可免。

身为藤本植物的忍冬，同属内尚有大哥金银忍冬（俗名：金银木）。金银木玉树临风高可达数米，花朵与金银花近似，但高绽枝头已失却那份动人野趣，更值得观赏的是璨如珊瑚的累累红果。

忍 冬

Lonicera japonica

忍冬科 / 忍冬属

疏篱翠蔓玉交加，雨后清香透幔纱。
独表芳心三月尽，忍冬宜唤忍春花。

〔清〕陈曾寿《忍冬花》

一枝秾艳对秋光，露滴风摇倚砌傍。

晓景乍看何处似，谢家新染紫罗裳。

〔唐〕罗邺《鸡冠花》

鸡冠花

Celosia cristata

苋科 / 青葙属

花名不解作花妍，花似鸡冠像可怜。唐伯虎说得对：鸡冠花，明明是花，却完全不像花，故现在许多人嫌弃它。栽在家门口，就连最爱采花摘朵插戴把玩的孩童也不理它，天真的孩子最势利也最直率：怎么采？它和别的花都不一样，连花瓣都没有！长得好像外星花，戴在头上让人笑话！

鸡冠花倒是可以当切花剪下，插瓶清供。养得好的鸡冠花，有如绣球，花大色艳，一枝花便可一枝独秀，且丑瓣攒鳞般的花冠不易枯谢，可供旬余欣赏，不似那些纤薄大瓣的花易因失水而凋。只是，欣赏它的人并不多，同属植物青葙在切花市场倒是芳踪处处，鸡冠花相对就很罕见了。

古人反而很爱鸡冠花，诗人咏之画家绘之。"赪容夺朝日，桀气矜晚风。""绛帻昂藏绿叶稀，凌风起舞欲高飞。"诸如此类，全是赞美。画里的鸡冠花也是灿烂夺目，红色明艳流动，一派生机盎然。宋人考据陈后主《玉树后庭花》里的后庭花便是鸡冠花，是邪非邪无定论，鸡冠花在古人前院后庭寻常见，倒是一定的。

从前，鸡冠花很大众，连农家庭院都能随处遇见，说起来确实是更适合乡村的花。若花畔出现一只鸡，不仅很有野趣，且爱玩谐音游戏的人，说不定能讲一个不好笑的冷笑话：鸡冠花旁鸡观花。文雅一点如诗人，就会写：鸡冠花下晚鸡啼。

绛帻昂藏绿叶稀，凌风起舞欲高飞。

鸡冠花虽是花容却并非月貌，胜在色泽杂彩灿然，或者正如明人所言"众卉兮凋谢，尔独映乎条枚"，它那花开耐久的一枝秾艳对秋光，颇能为萧瑟秋日增色，古人才会如此佳赏。

渥丹

Lilium concolor

百合科 / 百合属

四月相将莫，山丹开始都。
真心本来赤，正色自然朱。
百合晚仍俗，石榴繁更粗。
谁将仙灶药，花里著工夫。

〔宋〕王十朋《山丹花》

"颜如渥丹，其君也哉"，《诗经》里这一句，不是说美得像渥丹花，而是说脸色红润光泽。渥，即浓厚。丹，为红色。作为植物的渥丹，花色红如朱砂，花瓣厚而光泽，以渥丹为名，可谓实至名归。但渥丹为花，空有佳名，实则有如不遇之士，极为寂寞，远至古代，诗人雅客几不歌咏，近至今日，养花人士很少谈及。

民歌里唱：山丹丹开花红艳艳。山丹两个字，最终给了又名细叶百合的红百合为学名。也有人认为，民间称呼的山丹丹，除了山丹（*Lilium pumilum*）外，也包括渥丹和卷丹（*Lilium tiqrinum*）。因为三者均是花开艳红，只不过渥丹花瓣向上直立舒展，而卷丹、山丹皆为卷瓣低垂。一般来说，渥丹花朵纯红，没有斑点。但也有例外，渥丹变种大花百合和有斑百合，花被片都生有斑点。

古代诗人虽不写渥丹花，却常咏山丹花。观之古诗，山丹丹包括山丹、卷丹、渥丹三者的说法似乎准确。宋人杨万里诗云："柿红一色明罗袖，金粉群虫集宝簪。花似鹿匆还耐久，叶如芍药不多深。"诗中山丹形似花瓣向上开放并不翻卷的鹿葱，应是渥丹无疑。而金朝周昂句"卷花翻碧草，低地落红云"，就更符合山丹和卷丹的卷瓣特性了。

说不定，之所以作为花名不见诸古籍，实因其得名渥丹乃在现代吧。

中国古诗里的某些山丹或为渥丹只是猜测，但渥丹花影，在日本《万叶集》里确凿可见。渥丹日文名为"姬百合"，如同许多花一样，在和歌里它一样背负着苦恋之情："夏野绿繁茂，恋心如渥丹。悄绽人未知，思之苦怅然。"

佳名曰渥丹

射干复婵娟

射字三读音，曰 shè、yè、yì。射干之射，与夜同音，读 yè。射之 yì 音，仅见于"无射"一词。无射为中国古代音乐十二律之一，古人以十二律对应十二月，故无射也是阴历九月的别称。日本博物学者毛利梅园的《梅园草木花谱》，即沿此称，常以无射、姑洗、夷则等农历月份别称落款标注绘画日期。

射干两个汉字，殊无美感，与射干花的俏丽明艳全不相称。前人言及射干得名由来，认为"射干之形，茎梗疏长，正如射人长竿之状"。此说实在令人怀疑是否命名之初，命名者刚好见到掌管礼仪的官员射人手持长竿，与一旁的射干花相映成趣？否则，大千世界何物不可联想，为何偏要取个完全不像花名的射干？

射干另有别称，如乌扇、乌蒲、黄远、乌翣、乌吹、草姜、鬼扇、凤翼等，多因根茎叶之形而命名，所谓"叶似蛮姜，而狭长横张，疏如翅羽状，故一名乌，谓其叶耳"，如是等等。

其日文名倒差强人意，为"檜扇"，因射干两侧对称生长的扁叶有如展开的折扇（折扇在日本早期称为桧扇）。英文名有二：leopard flower（豹皮花）和 blackberry lily（黑莓百合），较之中文名，英文名似乎厚道一点。

细想起来，中国命名人似乎仅见射干枝叶根茎，却对美丽花朵视而不见。明明，射干开于盛夏的花朵，花色多为橙红偶见黄色，六瓣俏丽对称，瓣上细纹隐隐，紫斑星星点点，迎风招展，有如蝶舞，明媚无比。毛利梅园在画谱中标注它又名"绯扇花"，绯扇之名，方才不负它秀丽的容颜吧。可惜，现今连绯扇二字，也被拿去作为园艺月季的品种名了。

射 干

Belamcanda chinensis
鸢尾科 / 射干属

西方有木焉，
名曰射干，茎长四寸，
生于高山之上，而临百仞之渊，
木茎非能长也，所立者然也。

〔先秦〕荀子《荀子·劝学》（节选）

秋牡丹

Anemone hupehensis var. japonica

毛茛科 / 银莲花属

小草休夸带与鞓，

秋花尚冒殿春名。

轻盈定入扬州梦，

萧瑟终舍楚客情。

〔清〕全祖望《味秋芍药同蓹林》（节选）

银莲花属的学名为 *Anemone*，源自希腊语，意为"风"，故英语将银莲花属众花称为 wind flower（风花）。

希腊神话里美神阿弗洛狄忒发现恋人阿多尼斯之死后，将神酒倒入阿多尼斯鲜血中，使之变成一朵精致的紫色花 anemone。此故事被人们在描述银莲花属植物时争相提及。阿多尼斯之血，忽化身秋牡丹，忽变身银莲花，忽又变成也能开出紫色花朵的某种银莲花属植物。

究竟谁才是神话里述及的植物正体？银莲花属的成员可不会在乎这些。开花结果尽可能繁殖，才是植物真正关心的事。

秋牡丹的英文名虽是 Japanese anemone，却是如假包换的中国原产。其拉丁名 *Anemone hupehensis* var. *japonica* 中的 hupehensis 即指中国湖北省。如只按双名法称呼植物，便会发现秋牡丹与打破碗花花（*Anemone hupehensis*）同名。拉丁学名泄露天机，秋牡丹，其实是打破碗花花的园艺变种。

既为园艺变种，当然貌美过花。秋牡丹，花瓣轻薄纤柔，明艳的紫红或粉紫瓣片围一圈明黄花药，既娇美又明媚。秋牡丹因花色叶形俱似牡丹而得名，又被称为秋芍药，日文名则是"秋明菊"。

作为草花，却得牡丹芍药之名，秋牡丹没少被文人奚落：解道鼠姑颜色好，一种偷他名字。明人王世懋更莫名其妙就说："秋花可人，独秋牡丹为下品，宜勿种。"

好在，古人也有明白人：秋色寂寥，花间植数枝，足壮秋容。管它是希腊传说里的风花，还是被古代士人奚落的下品，若爱秋牡丹那一朵紫颜黄心，就不妨在秋日院落里栽上一丛，对着它，再怎么萧瑟的秋心，也会明亮起来。

野百合有许多种，最美的或许名叫药百合，就连其拉丁名中的 *speciosum* 也表示外观美丽之意。

药百合另有别名，鹿子百合，此名或本为日文名（鹿の子百合），因白花瓣底部遍洒紫斑粉点有如小鹿身上斑纹而得名。

白百合至清，药百合极仙。药百合花大香浓，六片白底花瓣，底端晕紫洒朱，向后反卷翻翘如欲飞去，深绛花蕊则朝前俏立舒展。诚如徐志摩的句子：是一丛明媚的秀色，是人间无比的仙容。

在深山幽谷林下，树影森森，鸟鸣嘤嘤，探山人猝不及防与它相遇，见那一枝花茎上，十余朵大花垂坠，清如寻常百合又仙于观赏百合，当无不惊其娇艳，又深感美到窒息，凛然生寒。

野生植物，原本自带野意仙气。与困于庭院园林的观赏百合相比，药百合摇曳于群山密林和风艳阳之中时，美得最为惊天动地摄人魂魄。日本人形容女子之美，说：立如芍药，坐如牡丹，行走时风姿如百合。此中百合，当指药百合才最为相称。

想拥有药百合，不妨去花市选取以它为亲本的园艺百合。那一派野意盎然又仙气十足的美丽，还是只宜放在自然。不如，得空时，唱着"别忘了山谷里寂寞的角落里，野百合也有春天"，去大山，去问候大自然，去邂逅野百合绚烂的花朵。最后，踏上归途，挥一挥衣袖，除了相片，什么也不带走。

山中药百合

几许山花照夕阳，不栽不植自芬芳。

林梢一点风微起，吹作人间百合香。

〔宋〕陈岩《香林峰》

药百合

Lilium speciosum var. gloriosoides

百合科 / 百合属

山城地僻嘉卉悭，

居人植花多卷丹。

何年分种入官舍，

占断地位殊宽闲。

……

春风桃李初阑珊，

此花吐艳当晴轩。

芳心寂寞凝丹粉，

锦片分明洒墨痕。

〔明〕祁顺《卷丹花》（节选）

卷 丹

Lilium tigrinum

百合科 / 百合属

卷丹，也是百合属植物。只是，若不知花名，对着那一茎丹朱赤染黑点斑斑的花朵，唤它百合，总觉得有点失礼。毕竟，它又不是没有自己专属的芳名，而且写起来很生动，叫起来很动听。

如果你非得强调它的百合属性，也可以称呼其为卷丹百合，或者虎皮百合。这么美的花，为什么和猛兽扯上关系？谁叫人类富于联想，看着橙红花瓣上的黑点，思绪竟会跳跃至虎背花纹。

可是，你若知道日本人怎么称呼卷丹，就一定会认同：中国人的虎皮百合，欧美人的 tiger lily（意为虎百合），还不算太过无礼。日本有妖怪名赤鬼，周身赤红。仅因赤鬼卷丹色同红，卷丹竟被联想成"鬼百合"。这名字何其唐突！卷丹那一抹如火炫红，分明不属于百鬼夜行的魑魅世界，而属于软红万丈的温暖人间。

卷丹之名，得于其形：色如丹，瓣反卷，洒黑斑。卷丹与药百合颇有形似之处，均是花片翻卷花瓣有斑，只不过卷丹那橙红流朱朵朵浓烈的烟火气，与药百合雪白点紫的仙气飘飘，风格完全不同。

说起来，英语世界称之为 tiger lily，和卷丹特性倒有几分吻合。如任由卷丹随意生长，据说它会生得植株高大，大花繁多垂挂，花瓣张牙舞爪，黑斑引人注目。细思那番景象，当真是极富气势，十足女王范了。

然而，再女王范，卷丹的鳞茎亦如百合，是可以吃的。说不定，你吃下的某碗叫作百合的食物，或许就是卷丹女王的玉足。唉，吃这件事，实在是殊不风雅啊！

卷丹色流红

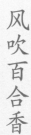

风吹百合香

国人爱百合，首因其有佳名。百合，百年好合，放诸婚姻，是无上的好彩头。但古代中国喜事尚大红，婚礼断无白百合现身之理。今日从西俗，白婚纱白玫瑰白百合，好花好名好意头，百无禁忌。

世人爱百合，更因其有好花。爱其洁，爱其净，爱其花挺秀。清似高人还静女，逸如秋水与春山。一茎白百合，确实既清且逸，能令人见之忘俗，对之心静。但这种高人静女之感，仅白色百合拥有，其他诸色则又是另一番艳模样花精神了。

百合之香，好恶因人而异。有人沉醉百合之香，埋鼻花丛深嗅以享其馥。园艺家投其所好，园艺百合品种，除亚洲百合一类外，其他均香气袭人。

接叶有多种，开花无异色。
含露或低垂，从风时偃抑。
甘菊愧仙方，丛兰谢芳馥。

〔南北朝〕萧察《咏百合诗》

成也浓香，败亦浓香。在夏日封门闭窗的室内，如供一大束百合，那浓烈芬芳却并非人人均能消受。写字楼女子，收到一束百合，却遭同事捏鼻皱眉集体抱怨，不得不将之发配到楼层卫生间，更是常有之事。

其实，浓香不是过错。微风度水香宜远，百合之香，适合放诸户外。绿陂浓荫隐香风，风过处，从风时偃抑，幽香暗冉冉，才能臻百合至美之化境。作为一瓶切花，置于斗室之内，背上花气袭人欲晕的罪名，实在是委屈了百合。

一切植物之花之叶之果，国人见之，均首先考虑能不能吃。故，百合亦未能幸免，鳞茎入食入药。百合山药粥、百合银耳汤，百般搭配，均很美味，吃得不亦乐乎。只是，吃百合时，又还有几人能想起那一朵摇曳的百合花、那一缕芬芳的百合香呢？

百 合

Lilium brownii var. viridulum

百合科 / 百合属

点缀闲庭覆绿苔，数丛低傍曲栏开。

几回错认新荷叶，谁把金莲旱地栽。

〔清〕顾太清《旱金莲》

旱金莲

Tropaeolum majus

旱金莲科 / 旱金莲属

地栽旱金莲

旱金莲，是长在旱地的荷叶，开在叶间的蝴蝶。

旱金莲属近八十种，均原生南美。何时入中华，时间不明。文献屈指可数的几处提及的旱金莲，多为毛茛科的金莲花。清末女词人顾太清，有诗句，"几回错认新荷叶，谁把金莲旱地栽"，所咏之物，从文字上看，倒是如假包换的旱金莲。

旱金莲虽为草花，但叶如小型荷叶花似彩蝶轻舞，由不得人们不爱它。家庭盆植，春秋两播，如养护得当，大半年均有花叶可赏。旱金莲未到花期，虽无花可看，但一盆碧叶青圆如盾，风吹叶动，又宛如袖珍池塘，仅为绿植亦赏心悦目。待到花季，众花同放，虽品种不同花色有异，但或橘红或明黄或朱紫或间有条纹，均是鲜艳妍丽的亮色，花朵错落曼妙，有如群蝶共舞，美不胜收。

如将旱金莲置于高处，任枝叶垂下，则一盆绿瀑泻红英，分不清是叶更美还是花更艳。旱金莲茎条柔软，倘以支架适当牵引，也能达到蔓生攀缘之效，如牵牛、茑萝一般，爬满栏杆俨然藤本，但叶色更青浓花容更灿烂。

> 一盆碧叶青圆如盾，风吹叶动，又宛如袖珍池塘，仅为绿植亦赏心悦目。

旱金莲虽名中有旱字，却并不耐旱，晴热则黄叶，高温即枯死。故春播须早春，秋播宜中秋，以避开夏冬两季的严寒酷暑苦相逼。

中国人虽然爱吃，但种旱金莲多为欣赏。欧美人却不如是想，他们喜以旱金莲花叶入肴，拌成沙拉食用。或许，人类对植物表达爱意的方式之一，还真包括：吃掉它。

中文里花鸟同名
者不多，大概也就四对：
杜鹃、白头翁、芙蓉、锦鸡。
但后两者不至于成为困扰：芙蓉鸟
只是金丝雀的别名；而鸟名锦鸡，花名锦
鸡儿，也难混用。唯杜鹃与白头翁，阅读古文时
须认真理解文意，才能甄别出古人说的是花还是鸟。

杜鹃映山红

杜鹃花尤其悲惨，写一首七绝诗，标题明明是咏杜鹃花，却
有三句在提杜鹃鸟。李白之诗堪称个中典范："蜀国曾闻子规鸟，
宣城又见杜鹃花。一叫一回肠一断，三春三月忆三巴。"啼血的
杜鹃鸟如挥之不去的梦魇，一直纠缠着杜鹃花。不但文字如此，
就连绘画，杜鹃花枝头搞不好也会冒出一只鸟，无需问姓名，肯
定是杜鹃。

杜鹃花色其实不止血红一种，粉白黄紫均有。对于并非红色
的杜鹃，不能自圆其说的古人，大概只能视而不见吧，又或者狡辩：
莫是杜鹃飞不到，故无啼血染芳丛。那些成天念叨着杜鹃啼血的

128

杜鹃花时天艳然，所恨帝城人不识。

丁宁莫遣春风吹，留与佳人比颜色。

〔唐〕施肩吾《杜鹃花词》

诗人们，真的有好好欣赏过杜鹃花的明媚吗？典故纵有意境，佳话虽然传奇，看花的时候，可能还是简单一点更好。

年少时学校组队春游，在深山遇见大丛大丛的野生杜鹃花，浓粉赤红，堆锦灿彩。人人蹲在花丛里照一张合影，笑靥如花。现在想起来，年少无知也很好，不曾听闻那些凄凉故事悲伤传说，看花就是看花，再艳的红也不会联想成血，喜欢杜鹃，也仅因单纯欣赏它那无人约束漫野而生自由绽放的热情与美丽。

年长后混迹城市，看过许多杜鹃花，园艺种色彩更多、花朵更大，却始终觉得杜鹃花在山间开得才最有春意。或许，对于杜鹃花来说，最好的名字应是映山红。

杜 鹃

Rhododendron simsii

杜鹃花科 / 杜鹃花属

摘得野蔷薇

谁曾想到，野蔷薇，竟也是专有名词，它的拉丁名字是 *Rosa multiflora*，又称为多花蔷薇。也就是说，今日都市绿化种植人家园艺栽培的，其实都是野蔷薇，比如七姊妹、白玉堂。

野生野蔷薇在冬天会消失，变成一丛丛长满尖刺的枯枝，饱受嫌弃。斫木取柴的农人之手，时不时会被它划出长长血痕，人类的报复，是砍伐，是火烧。不过，没有关系，只要根系仍在，人类在地面上进行的杀戮便只是为来年的复荣清理场地。翌年，春至，野蔷薇有如春笋，一夜间抽出密集丛生带着紫的嫩茎，不消数日，就蓬成一丛青碧。

人们在网店买园艺月季，灌溉呵护小心伺候，两个月后，却开出了心形五瓣的小白花，那是无良商家鱼目换珠，寄来了野蔷薇。然而，野生野蔷薇在都市的盆栽里才会被拘束成鱼目，在春风荡漾的田野，它却是游蜂相趁归的陌上明珠。

虽没有园艺种那般美丽繁复的重瓣花朵，但野蔷薇的每一瓣都是精巧可爱的心形，五心相攒环护着中间丝丝点点的黄蕊，清香四溢。在田野，青虫在叶上饱食，蜂蝶在花心漫舞，每一丛野蔷薇都是昆虫的乐园。人走过，野蔷薇会伸手牵他的衣角。这个亲昵的小动作，是换来欣赏的停留，还是得到嫌弃的拂袖，因人而异。

一派天真的孩子们大抵都会在走过时吸一吸香气，再小心翼翼地避开它尖锐的铠甲，采下三五朵，插在竹枝的空心茎节里。竹子开花啰喂，开在竹枝上的野蔷薇，是童心造就的最美植物之一。

万物生天地，时来无细微。野蔷薇，野生的野蔷薇，也是自然与春天携手制造的明媚。

野薔薇

Rosa multiflora

薔薇科 / 薔薇属

红残绿暗已多时，路上山花也则稀。

荼蘼余春还子细，燕脂浓抹野薔薇。

〔宋〕杨万里《野薔薇》

131

春老荼蘼香

荼蘼知名于今世，最该感谢的人，应是曹雪芹。开到荼蘼四字，诗词常见本已是陈词滥调。但红楼怡红夜宴群芳擎花签，花花喻人，签签预言。等麝月一签抽出：开到荼蘼花事了，当真有千红一哭万艳同悲的伤春葬花之感。

是这样，人们才开始对荼蘼产生异样情感，在它身上倾注了所有的惆怅、无奈、伤逝与对美好的怀念。开到荼蘼，才被今人信手拈来，当书名，可恨文思似荼蘼；作歌名，心花怒放却开到荼蘼。反正，单看到这四个字，懂的人便已自动启动体内伤感机制，书与歌，不管好不好，名字上已取巧先赢了三分。

可惜，荼蘼只是活在纸上，供人嗟叹怅惘。活在阳光雨露下的植物荼蘼，依旧没几人认识。

荼蘼实为蔷薇科悬钩子属的重瓣空心泡。如果人们知道它的原生种是空心泡，是悬钩子的一种，是山间野地那红彤彤的甘美小浆果，是否依然会觉得它凄美堪伤？

但并不是所有人都接受植物学者给出的这个认证。在诗里，荼蘼，花如雪，有浓香，爬满架，暮春开。在佛书中，它是见此花者恶自去除的净化之花。于是，有一些人，溺于文字意境宗教传说，继续在文献中百般问询，坚持认为古代荼蘼身份不明。

其实，与其对书猜想历史，未若接受荼蘼是重瓣空心泡的专业设定。开到荼蘼花事了，渐次甘果红满枝，才是今日的植物荼蘼顺其自然写下的诗篇。开花，不是为了美得不可方物，不是为着伤春惆怅，开花就是为了等待夏来秋至结出丰盛的种子。

132

重瓣空心泡

Rubus rosifolius var. coronarius

蔷薇科 / 悬钩子属

手插春风十万条，
野香落絮玉摇摇。
黄鹂莫误看花眼，
等得南薰雪未消。

〔宋〕方岳《荼蘼》

133

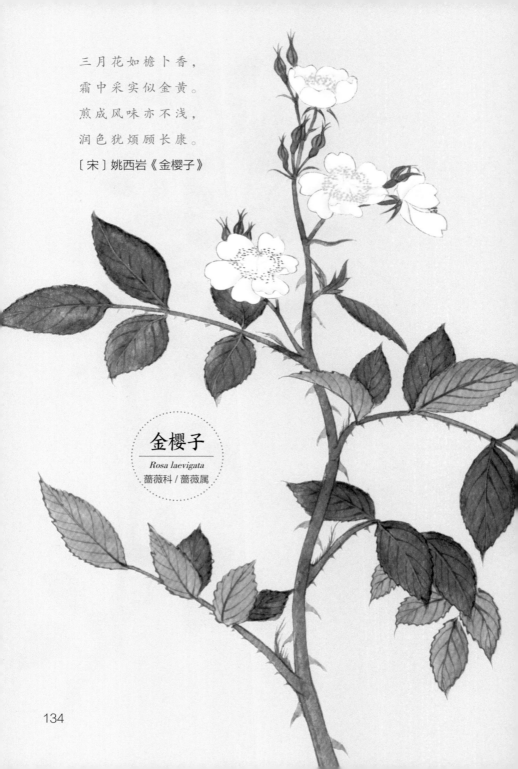

三月花如檐卜香，
霜中采实似金黄。
煎成风味亦不浅，
润色犹烦顾长康。

〔宋〕姚西岩《金樱子》

金樱子
Rosa laevigata
蔷薇科 / 蔷薇属

金樱子，花雪白，叶常绿，实金黄。春日花开，金樱子常被误认为是野蔷薇，白色花朵，心形花瓣，片片相攒，黄蕊灿灿，与野蔷薇花近似。秋来累累缀朱实，金樱子就极易被认出。野蔷薇结圆圆的橙红小果，而金樱子完全相异，倒卵形的果实，要比野蔷薇果大上数倍，且表皮密被刺毛。

虽有刺毛防身，仍不能逃脱被人类采摘的命运。如同许多植物一样，金樱子与人类结下采集与食用的盟约，成为泡酒的材料，治病的草药。

暖脐一盏金樱酒，降气连朝附子汤。中国人深信药食同补，果实能泡制药酒的金樱子从而备受钟爱。可能，它是唯一一种因果实而非花朵知名于世的蔷薇属植物。

金樱子，原写作金罂子。罂，古之容器，腹大口小。罂粟、金罂子，皆因果实形似罂而得名。世人又看金樱子果实似梨如石榴，所以它另有别名刺梨和山石榴。与其说金樱子果如梨，不如说花似梨。一来因更多人认为刺梨应为另一种蔷薇属植物缫丝花；二来金樱子花朵洁白硕大，较野蔷薇花大出一轮，粲粲素华，幽芳媚雪，虽类蔷薇，更似梨花。

可惜，白花攒雪的花朵世间已太多。论花，同属植物开白花的茶蘼木香早已拔得头筹，园林中茶蘼架木香棚喷雪溢香。论果，虽说霜红半脸金樱子，金樱子果实也很美，但梨子水润甘甜胜它百分。虽然花果兼美又有药效，金樱子仍难与国人结下广泛栽培与观赏使用的盟约。

是以，今日，它仍在山野，沐春光，绽幽芳，然后任由人类带走它的果实。

暖脐一盏金樱酒，降气连朝附子汤。

月季月月红

全世界都钟爱月季花，真的，如果去园艺市场走一遭，会发现现代月季品种多不胜数：藤木叫藤月，树型称树月，小株型小花朵是微月，勤花爱开的是丰花月季，直立堪折的是切花月季……并且，因培育地不同连品种也分国别：欧月、日月、美月、德月等等。甚至还有以培育者命名的，如大名鼎鼎的奥斯汀月季。

中国切花市场，爱用玫瑰二字来售卖切花月季，指鹿为马的流毒不浅，从此，明明捧着一束月季花，人们却习惯表述买了一把玫瑰。

也有人一笑了之，不就是名字吗？反正它们在英文里都叫rose，说得好像月季与玫瑰都是英国来客。才不是呢，月季与玫瑰，中国均有原产。分量最重的月季花原种地正是中国，所以月季花拉丁名才带了个 *chinensis*。

去中国古文献里找一找月季花和它的别名：长春花、月月红，就会发现古人对它的热情不亚于现代。不比浮花浪蕊，天教月月常新。花开惟一度，尔独占四时。只道花无十日红，此花无日不春风。月季只应天上物，四时荣谢色常同……赞不绝口，无一毁词。

当然，文学大抵总爱夸张。月季花确实四季花不断，却未必做得到四时色常同。月季夏花冬花，尤其是不喜酷热不耐严寒的品种，往往难以开得标准，花径缩水，花颜失色，不如春花远矣。但是，即便有此美中不足，谁又能抵得住现代月季花众芳呈艳、美色无边的勾引？

月季元来插得成，瓶中花落叶犹青。月季切花插瓶，古已有之。今日切花市场之玫瑰，九成九是月季花。下次去花店买花，不如必也正名乎，改用这样的表达：请给我一束月季花！

136

一番花信一番新，半属东风半属尘。

惟有此花开不厌，一年长占四时春。

〔明〕张新《月季花》

月季花
Rosa chinensis
蔷薇科 / 蔷薇属

一架蔷薇四面垂，花工不苦费胭脂。

淡红点染轻随粉，浥偏幽香清露知。

〔宋〕郑刚中《蔷薇》

鹅黄蔷薇

Rosa sp.

蔷薇科 / 蔷薇属

蔷薇颜色，玫瑰态度，宝相精神。休数岁时月季，仙家栏槛长春。

每当看到这句宋词，总情不自禁为汉字击掌叫好，深感自豪。英文世界一个词 rose，蔷薇属众花同享，若有区分，尚须额外加上一个限定词，如玫瑰是 rose flower，月季是 Chinese rose。但到汉语领域，一花自有一名，蔷薇、月季、玫瑰、木香、黄刺玫、金樱子、缫丝花，每一个名字都好看又动听，一一数来，光是名字已觉美不胜收。

一家之长的蔷薇花，在现代，光彩渐为玫瑰的名字月季的花朵所掩。但若逢暮春初夏，墙角篱旁种植的多花蔷薇绽放，满架蔷薇一院香，那一墙一篱的烂漫开红次第深，那一处红英点点绿条密垂的繁艳，那一种蝶绕蜂忙春意盎然的生机，即便是也能攀缘的藤本月季，也须让它三分。

园艺种植的蔷薇多为多花蔷薇，即野蔷薇的变种，自古以来国人均爱牵枝引条，让蔷薇攀缘成花墙为锦障，似火浅深红压架，如糖气味绿粘台，似锦如霞，连春接夏，是春夏之际最为繁盛的花事。

> 一季花事，一路繁花，攀篱附墙，姹粉嫣红。

秦观有句，"有情芍药含春泪，无力蔷薇卧晓枝"，颇为其他诗人所不齿，元好问直斥为女郎诗。虽这斥责今日看来未免唐突女性，但秦诗确实不佳，单是为了蔷薇也想骂他。蔷薇花开满枝，可不曾如秦诗般软绵无力，从来都是天真明媚，活泼喜人。

蔷薇虽仅开一季，但那一季花事，一路繁花，攀篱附墙，姹粉嫣红。即便只开一季，蔷薇花与看花人，应亦无憾。

139

　　玫瑰二字，本是玉名。司马相如的《子虚赋》中有"其石则赤玉玫瑰"的说法，韩非子的故事提到"缀以珠玉，饰以玫瑰，辑以羽翠，郑人买其椟而还其珠"，其中的玫瑰指的都是美玉。未知何时起，玫瑰由美玉变成了植物。从此，玫瑰与蔷薇属一众姐妹花一起，千姿百态，舞弄春风，乱花渐欲迷人眼，世人莫辨谁是谁。

　　玫瑰学名 *Rosa rugosa*，意为皱叶蔷薇。故若想在蔷薇属里认出玫瑰，记住它与众不同的皱褶叶子即可。时至今日，现代月季已打破属内种族界限，玫瑰自也并非全为纯血原生。能够一年数开渐成园艺新秀的紫枝玫瑰，便杂有山刺玫血缘。

　　无论原生还是变种，玫瑰都不似月季般色彩斑斓，多为紫红粉红，亦有白色。虽花美香浓，但花瓣轻薄花期苦短，玫瑰很少用作切花。古时，要么娇花配美人，簪鬓放娇怜紫艳；要么，焙入衾窝，薰归裙缝，取一缕幽然香芬。要么，成为《红楼梦》里的玫瑰露玫瑰卤子，伴糖津咽胜红蕤。

　　今之玫瑰，未脱前人窠臼，或为花茶，或为精油，或为食材造酒作酱成糕点。月季以色炫人，在观赏花卉界叱咤风云。玫瑰

则凭香醉人，供人类嚼香饮芳沐花提神。

　　"Stat rosa pristine nomina nuda tenemus"，昔日玫瑰以其名流芳，今人所持唯玫瑰之名。在翁贝托·埃科的书里，rosa 的名字，究竟属于蔷薇玫瑰还是月季？不管属于谁，"你如看见一朵玫瑰，请你代我向她致意"。

玫 瑰

Rosa rugosa

蔷薇科 / 蔷薇属

酴醾雨后飘春雪，芍药负前散晚霞。

一种繁香伴行客，只应多谢刺玫花。

〔宋〕项安世《郢州道中见刺玫瑰花》

竹篱茅舍趁溪斜，白白红红墙外花。

浪得佳名使君子，初无君子到君家。

〔宋〕无名氏《使君子花》

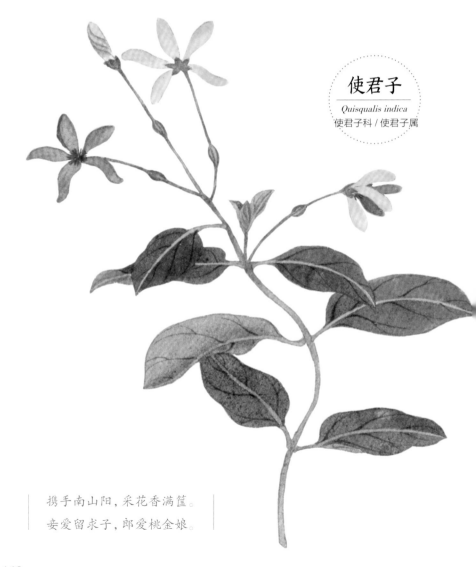

使君子
Quisqualis indica
使君子科 / 使君子属

携手南山阳，采花香满筐。
妾爱留求子，郎爱桃金娘。

佳木使君子

　　使君子入诗，常是诗人集药名为诗之类的文字游戏。"使君子百姓，请雨不旋复"，一句套入两种药名，纯属雅玩，全无诗意。使君子果实入药，能治小儿脾疳，药名盛行于世，渐掩花姿之美。其实，使君子既为良药，亦是佳卉。

　　华南一线城市的郊区地带，地铁口的荒地边，小区围墙栅栏上，常见使君子攀缘，一藤多色，全白，晕粉，深红，深深浅浅开得随性。惜乎往往只是围栏上灌木中稀稀疏疏的一枝数朵，略显纤弱可怜。可是，如引入园林着意栽培，两三年后，使君子主茎即可粗如拳头，攀高直上数米，叶茂如盖，乍见往往会误以为是乔木。

　　它那一树俯垂的伞房花序，一穗十数朵五瓣花，红粉相间蔓延如锦，自树下路过，仰首相看，但见花瓣翻飞向上，黄蕊笑脸迎人，轻盈曼妙，一瞥之下往往误认成华南常见观赏花木倒挂金钟。使君子花开之丽色动人，实在不输于倒挂金钟。作为园林绿道花木，也是当得起的。

　　名列"岭南三大家"的晚清学者屈大均，身为广州本地人，自是对使君子司空见惯。他有一诗："携手南山阳，采花香满筐。妾爱留求子，郎爱桃金娘。"留求子，即使君子别称。使君子以花的身份入诗，除宋代无名氏《使君子花》一诗外，也就仅此诗了。使君子如此佳木，奈何文人墨客视而不见，就不能怪它在医书里寻找存在感，以药材身份行走江湖了。

庭前一架已离披，莫折长枝折短枝。

要待明年春尽后，临风三嗅寄相思。

〔宋〕张舜民《木香花》

木香花
Rosa banksiae
蔷薇科／蔷薇属

囊佩木香花

为植物取名，中国人有时很诚实，植物名里若有香字，那一定是香的。即便是没有艳丽花朵的水生植物如香蒲，既然带了一个香字，那一根如烛蒲棒，细嗅之，确也是带着淡淡异香的。花朵多半含香，本不为奇，故以香为名者少。正因如此，若花名中有香字，基本均是香气过人（花）之植物。瑞香如是，丁香如是，木香亦如是。

祗应不使朱铅污，
独抱幽香与世疏。
翠条成幄卷清芬，
入座浓香缀白云。

蔷薇属的木香，白花为多，黄色亦有，相形于同属植物蔷薇玫瑰月季的红粉朱赤，自是洗尽铅华。不过当人们看厌了浓色重彩大红大紫，木香那一架花朵，白衣胜雪，黄裳簇金，说不定反而因清新淡雅而分外可人。

李渔《闲情偶寄》建议木香配蔷薇，木香花密香浓枝长，蔷薇花色繁多鲜妍。这一说法确有几番道理，不过他也是拾前人经验，宋人早就有句子：木香堆架渐开花，旁径蔷薇锦未斜。

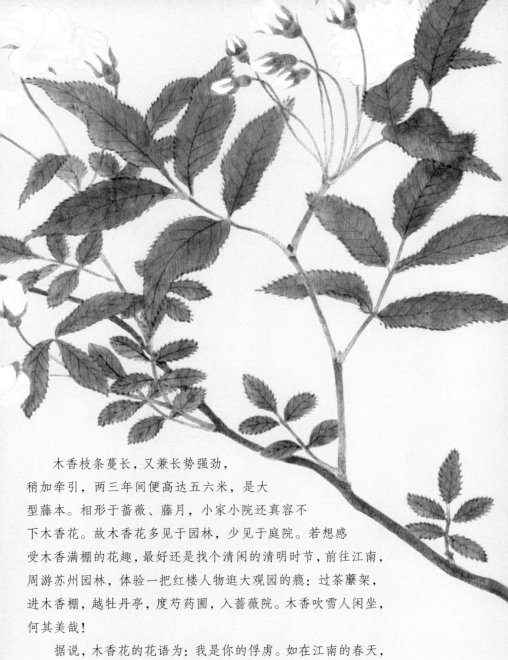

　　木香枝条蔓长，又兼长势强劲，
稍加牵引，两三年间便高达五六米，是大
型藤本。相形于蔷薇、藤月，小家小院还真容不
下木香花。故木香花多见于园林，少见于庭院。若想感
受木香满棚的花趣，最好还是找个清闲的清明时节，前往江南，
周游苏州园林，体验一把红楼人物逛大观园的瘾：过茶藤架，
进木香棚，越牡丹亭，度芍药圃，入蔷薇院。木香吹雪人闲坐，
何其美哉！

　　据说，木香花的花语为：我是你的俘虏。如在江南的春天，
在暖风薰香中遇见木香，大概每个人都会成为它的俘虏吧。

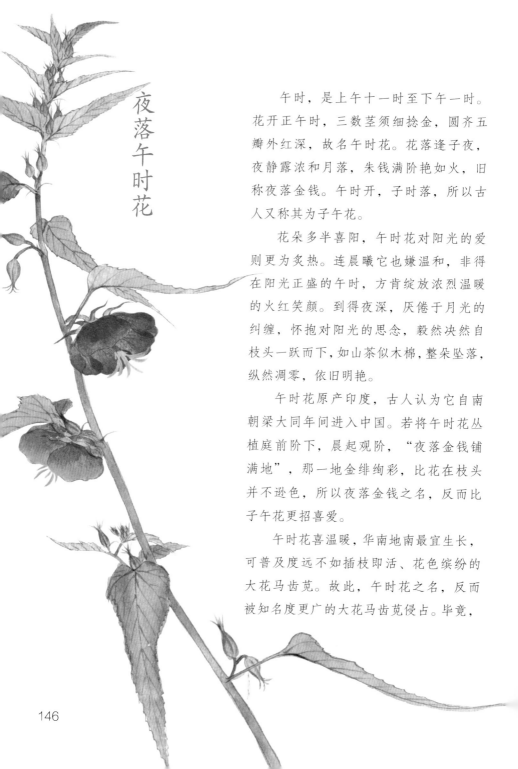

夜落午时花

午时，是上午十一时至下午一时。花开正午时，三数茎须细捻金，圆齐五瓣外红深，故名午时花。花落逢子夜，夜静露浓和月落，朱钱满阶艳如火，旧称夜落金钱。午时开，子时落，所以古人又称其为子午花。

花朵多半喜阳，午时花对阳光的爱则更为炙热。连晨曦它也嫌温和，非得在阳光正盛的午时，方肯绽放浓烈温暖的火红笑颜。到得夜深，厌倦于月光的纠缠，怀抱对阳光的思念，毅然决然自枝头一跃而下，如山茶似木棉，整朵坠落，纵然凋零，依旧明艳。

午时花原产印度，古人认为它自南朝梁大同年间进入中国。若将午时花丛植庭前阶下，晨起观阶，"夜落金钱铺满地"，那一地金绯绚彩，比花在枝头并不逊色，所以夜落金钱之名，反而比子午花更招喜爱。

午时花喜温暖，华南地南最宜生长，可普及度远不如插枝即活、花色缤纷的大花马齿苋。故此，午时花之名，反而被知名度更广的大花马齿苋侵占。毕竟，见过它万点轻圆艳且匀的美丽花朵的人，还真不多。其实两者科属不同，植株叶形花朵差异明显，更何况大花马齿苋，除也是喜阳花朵之外，根本做不到如午时花般株高近一米花朵如钱亭亭可爱，更做不到如金钱洒落般的整朵花离枝飘坠。

　　午开夜落的花，只得短暂的生命。如若有缘见到午时花开在枝头或落钱满地，不妨，停下来多看一眼。

孔方随处可称神，

万点轻圆艳且匀。

天地为炉闻自古，

春王行令铸来新。

时依落月堆闲砌，

每借狂风送近邻。

却为上林输不入，

眼前都作四知人。

〔清〕陈恭尹《夜落金钱花》

午时花

Pentapetes phoenicea

锦葵科 / 午时花属

蓝色西番莲

西番两汉字，常指来自异邦，西番莲属四百余种，九成原产热带美洲。中国南方境内虽亦有分布，但早前少为人知。西番莲属植物，从前知名度并不高，现在物流通畅，热带水果纷纷进入北国餐桌。作为果饮食材备受青睐的紫果西番莲（*Passiflora edulia*），就以百香果或鸡蛋果的俗称，成为最广为人知的西番莲植物了。

常听人说百香果就是西番莲，西番莲就是百香果。此说并不恰当。百香果官名紫果西番莲，虽是西番莲的一种，但西番莲却不能仅仅指百香果。

日本植物学者毛利梅园所绘的西番莲（*Passiflora caerulea*），就不是百香果。对比花朵，便会发现最大区别在于丝状裂片的副花冠：百香果丝丝绕绕弯弯曲曲，而这一西番莲丝丝笔直如放射线。

日本人对此两种西番莲植物分得清晰：西番莲，花有如钟表，故名之为时计草，或称以英文名 passion flower；百香果，则称为果物时计草，或者用英文名 passion fruit 称呼。中文名百香果，正

是英文名的音译。

　　英文名泄露真相，西番莲果实虽可食用但风味远不如百香果，更宜作为花卉观赏，而百香果则可谓花果兼美。

　　中国古代装饰图案中，有西番莲纹样。西番莲这个名词古已有之，却并非今日之植物西番莲，而实为古人对传说中的佛教花朵宝相花的想象。明清时代植物西番莲入境，方始渐渐名物配对。但文献中关于植物西番莲的记载，有些有九分近似西番莲，有些如"花淡雅似菊，自春至秋相继不绝"的表述就与西番莲完全两样了。

西番莲

Passiflora caerulea

西番莲科 / 西番莲属

西方佛有青莲眼，西番花有青莲产。

朵丝作蔓碧玉英，缭绕疏篱意何限。

世间只尚紫与黄，此花无色能久长。

百花香者争高价，此花不售自开谢。

唯有幽人最惬怀，竟日盘桓倚僧舍。

〔清〕陈恭尹《集长寿禅林咏西番莲花歌》

牵牛漫疏篱

名在星河上，花开晓露间。在古人看来，牵牛花一名，关联牛郎织女的传说，关联天上星斗，自是佳名。到得现代，以汉字为名的日文名"朝颜"，回流入境，立即引起许多人的语感共鸣。朝颜二字，不需传说加持，似乎便能纯以汉字意境取胜：既具晨之生机又有花之容颜，既有画面感又有留白空间令人联想翩翩。

在江户时代，日本人开始了乐此不疲的排列组合游戏，沉溺于牵牛花育种。到最后，可谓举国皆为朝颜狂，花谱出了好几本，还让牵牛花市成为夏季七月的定番，年年上演，至今不休，连女孩儿夏季穿的浴衣，也属牵牛花图案最受青睐、最为应景。

旋花科很多植物都开着喇叭形花朵，也不乏野生藤本。华南地区常见的虎掌藤属五爪金龙，爬墙攀树侵土占地泛滥成灾，俨然成为害草，它实非牵牛，也得了一个掌叶牵牛的别名。很多时候，人们见路旁绿蔓花绕喇叭欢唱，便理所当然地把所有开着喇叭形花朵的植物都当作牵牛花。牵牛花自身叶形就多变，区分的确略难，不如就权当这种张冠李戴的误解，也是国人对牵牛花的一种爱意表达吧。

牵牛花英文名为 morning glory，无论是晨之灿烂还是朝之容颜，这一丛由夏开到秋的牵牛花，虽平凡简单，却真的值得人们找一个清晨去约会自然，去看牵牛花沐着晨曦绽放，感受朝颜盛放的力量与温度，惊叹自然调色的随性与大胆，让路边的闲花野朵带给自己一天的幸福。

牵牛

Ipomoea nil

旋花科 / 虎掌藤属

绿蔓如藤不用栽，淡青花绕竹篱开。

披衣向晓还堪爱，忽见晴蜓带露来。

〔宋〕陈宗远《牵牛花》

虞美人又名舞草,
名字灵动颇具轻盈之美。

相伴虞美人

　　虞美人,本为人名,是乌江自刎的项羽不知如之奈何的爱侣,是霸王别姬里先死为敬的虞姬。后来,就成了词牌名,最出名的一首里亡国之君李后主在低回轻叹:春花秋月何时了,往事知多少。再后来,也成为植物名,有着如舞姿翩跹的虞姬般娇柔美丽花朵的罂粟属植物:虞美人。

　　虞美人大摇大摆地开在路边、开在花坛,纤薄如绢的花瓣迎风招展,卵球形的花蕾羞答答娇弱弱地下垂。路人见了,先赏叹其美,有认不真切的会产生不好的联想:是谁无法无天竟种下了罂粟?有时候联想变成担心,担心变成责任,就招来警察验明正身,还好证实此美花非彼毒草,只是虚惊一场。

　　虞美人是罂粟属植物,但它并不是

霸业将衰汉业兴，佳人玉帐醉难醒。

可怜血染原头草，直至如今舞不停。

〔宋〕易士达《虞美人草》

虞美人

Papaver rhoeas

罂粟科 / 罂粟属

被坏人染指沦为毒草的罂粟。作为罂粟同属异种的姐妹，它们有共性也各有个性。相形之下，虞美人很幸福，它虽具药效，但并不能被提炼成毒品，从而幸运逃过人中魔鬼的罪恶之手，成为依旧可以在全世界的街头开得繁华热闹的观赏花卉，让人们得以窥见罂粟属植物那艳光四射的娇美。

夏目漱石有小说《虞美人草》，据说正为取书名而犯难时，见到街角花店里的虞美人花，如获至宝：哎呀，好名字啊！最终定名。宫崎吾朗导演的动画电影《虞美人盛开的山坡》，功力虽远不及其父宫崎骏，但片名却花意蕴藉、生机盎然，很是撩人，可以说虞美人仅凭一个名字便援手为电影加了不少分。

初疑邻女施朱染，又似宫嫔剪采成。

白白红红千万朵，不如雪外一枝横。

〔宋〕刘克庄《罂粟》

罂粟红如锦

　　照畦罂粟红灯密，绕舍戎葵紫缬繁。宋人吟咏罂粟时，大概不会想到数百年之后，罂粟成为祸国殃民的妖花，瘴烟窟里身今老，举国上下皆病夫。

　　都说鸦片误国，实因茶叶而起，但茶树与罂粟一样无辜。花木本无罪，有罪的是人的贪欲与沉溺。东方的人沉溺于罂粟不能自拔，西方的人渴望东方茶叶又不愿重金以求。人的贪欲利用了人的另一种贪欲，于是名为罂粟的这种植物被英国人操纵在手，将数千年文明古国熏成昏睡百年的烟域。

　　许多毒草，亦为良药，善恶之分界，在于人如何运用。早在唐宋，罂粟已作为药食观赏两用植物而被种植。宋人李复有

154

罂粟

Papaver somniferum
罂粟科 / 罂粟属

诗名《种罂粟》，既喜它美丽，开花如芙蕖，红白两妍洁；又爱它功效，饱闻食罂粟，能涤胃中热。

自唐至明，漫长的时间里，人们看到的是它的美好，"芍药之后，罂粟花最繁华，加意灌植，妍好千态"，利用的是它的长处，"今人虚劳咳嗽，多用粟壳止勤；湿热泄沥者，用之止涩。其止病之功虽急，杀人如剑，宜深戒之"。

在饱受鸦片之害后，罂粟这种绚烂华美不可方物的植物，在中国作为观赏花卉的道路，从此断裂。因为再没有一个中国人，能以纯然欣赏的眼光，去观看它那娇媚的花朵。它，已成为中国人心中的伤痕，成为严令禁止种植的禁草。

罂粟结果原为繁殖，制为鸦片本为药用。奈何总有一些缺乏良知的人，贪婪到丧失底线，将美丽罂粟变成邪恶毒品，他们是永远都得不到罂粟与世人宽恕的人。

许多毒草，亦为良药，
善恶之分界，
在于人如何运用。

155

桂子月中落

对中国人来说，桂花这两个字，是写出来都带着香气的。桂花单株而栽，花开则暗香隐隐。若遍植成林，丛桂齐花俨然香窟。华夏大地，香窟甚多，数不胜数：武汉桂子山、杭州满陇桂雨、桂林全城皆桂……

桂花花小，色淡不显眼，香极馥郁。暗淡轻黄体性柔，情疏迹远只香留。风过，路人驻足寻香，未必能立即从周遭树木中找到隐于丛叶中的小小簇生花朵，但那一缕潜香，不绝如缕，惹多少路人停留顾盼。

如果吃掉是人类对植物致以的最高敬意，那么桂花一定排名靠前。江南人对作为食材的桂花尤其熟悉：桂花糕、桂花糯米藕、苏州冬日限定时令专供的桂花冬酿酒、点缀有糖桂花的汤圆……

桂花还可与茶叶相配制作花茶，有些人拒绝窨花茶，对茉莉花茶不屑一顾。但桂花龙井、桂花乌龙上市，倒鲜遭白眼。厚桂花而薄茉莉，人类这种不理性的奇怪偏心，只怕也是有的。

> 如果吃掉是人类对植物致以的最高敬意，那么桂花一定排名靠前。

都说八月桂花香，但桂花花期并非仅在农历八月。即便略过不提全年开花的四季桂，许多桂花品种秋季能开花两次以上，从阳历九月底至十一月底，开开谢谢三四次，也非罕见。宋人有句"天遣幽花两度开，黄昏梵放此徘徊"，可谓写实。柳永说三秋桂子，绝非夸张。

今人植桂，因其四季常绿，因其香气清芬。古人植桂，又添了几分世俗功利：桂即贵，故与其他花木同植，以求玉堂富贵；蟾宫折桂，故植桂以求应试高中功名顺遂。人生红尘，自然奢求尘世幸福，这点讨口彩的小伎俩，桂花当不会和世人计较，毕竟，人们是真的爱它。

桂花
Osmanthus fragrans
木犀科 / 木犀属

不是人间种，移从月胁来。

广寒香一点，吹得满山开。

〔宋〕杨万里《芗林五十咏·丛桂》

小池睡莲开

　　除南极苦寒之地，全世界都有睡莲，只不过物种各异。睡莲属约三十五种，容貌有异，性格不同。有的脸大，花径二十厘米左右；有的脸小，花径仅三四厘米；有的腼腆，浮水绽放；有的开朗，挺水而开；有的怕冷，长居热带；有的耐寒，只要塘泥不冰冻就能安全越冬。

　　很不幸，中国原生睡莲（*Nymphaea tetragona*）就是花朵白色而细小，直径仅三至五厘米的那一种。花与人不同，脸大反而更上镜。三厘米直径，花小如钱，自不受人青睐，园林少见，乏人记载，故睡莲鲜少被古人提及。

　　纵被提及，有时候也需尽信书不如无书。明清学人常谣传《西京杂记》记载"霍光园中凿大池，植五色睡莲"，其实《西京杂记》根本无此文字，应为伪书《琅嬛记》不负文责地胡乱杜撰。唐人段成式《酉阳杂俎》倒轻轻提过一笔"南海有睡莲，夜则花低入水"，言之寥寥，反而更可信。其子段公路《北户录》说得更为详细："睡莲，叶如荇而大，沉于水面。其花布叶数重，凡五种色。当夏，昼开，夜缩入水底，昼复出也。"他所描述的睡莲与今日园艺睡莲很相似，或许唐朝时期，华南已偶见睡莲，亦未可知。

　　用科学方法研究植物历史，终究是专业人士要做的事。对普通人来说，睡莲给予我们的幸福真实可握：得闲则临池赏花，感恩自然创造的一池睡莲碧叶幽幽花如仙；宅室亦不寂寞，莫奈光影流动的睡莲画足以悦目，贾鹏芳如泣如诉的睡莲曲可供怡情。无论自然造化，还是人类创造，植物睡莲与艺术睡莲，均美感十足，值得与它们相约浮生半日闲。

凌波锵玉步。怎抱菂纤心，生成多苦。

淤泥易染，况种菱塘低处。

不怯风嗔烟恼，只怕被、鱼欺鸥妒。

江岸阻。要歌采采，我愁难溯。

〔清〕姚燮《双瑞莲·忆睡莲》（节选）

睡 莲
Nymphaea tetragona
睡莲科 / 睡莲属

芍 药

Paeonia lactiflora

芍药科 / 芍药属

一声啼鴂画楼东，魏紫姚黄扫地空。

多谢化工怜寂寞，尚留芍药殿春风。

〔宋〕邵雍《芍药》

"维士与女，伊其将谑，赠之以勺药。"在《诗经》时代，男人女子相遇，言笑晏晏，顾盼情多，分别伤离，相赠芳药，以为信约。让我们仿效先秦时候，若意合情投，借花互通款曲，不如弃选现代常用的所谓玫瑰其实月季，而改捧芍药一束。

都说万花之中文名，以芍药之名最古。诚然如此，在先秦人民的诗歌里，木槿还是舜，锦葵尚名蓍，凌霄和紫云英还撞了名字同为苕。而芍药，名字由来已久，在先民口中，已是芍药。

就连牡丹，最初亦要依附于芍药名下，被称为木芍药。是的，牡丹与芍药最大的区别，是一为木本一为草本。一样花开浓艳，木本的牡丹株高花大，自带气势；草本的芍药弱枝袅袅，立显娇小。

芍药如有知，一生最大的遗憾，或许是与牡丹撞脸，只恨不能出声提醒世人，枝干叶子才是辨别的重点。而它一生更大的恨事，应是因花色同灼艳、花期相承续，总被与牡丹相提并论，芍药一定想告诉世人：封牡丹为王随你便，但封我为相是不是应该先问问我的意见？

然而，再怎么衔恨吞声，芍药一定也懒得去喋喋不休抱不平，数千年间觑尽世事，它何尝不知道：世上的事本就如此，多少人明明起步得更早，也做到了最好，却总有人一出生就站到了自己所仰望的峰巅。天分既别，强求不来，不如乐天知命，努力绽放属于自己的小繁华就好。

然而，在现代植物学分类系统中，牡丹成了芍药属的下属物种。为花王牡丹当了千余年花相的芍药，算不算成功扳回一局？

砌香翻芍药

161

丽日牡丹天

牝，雌。牡，雄。谁曾想，国色天香的牡丹，如果将芳名说文解字条分缕析，竟意为红色雄木。如此百媚千娇的花朵，为何竟以牡入名？有一说：牡丹名物相匹配，自唐代始。唐前虽有牡丹二字但非指牡丹此物。如果此说为是，既然名字是借来的，名不符实也情有可原。

至于李时珍所说"以色丹者为上，虽结子而根上生苗，故谓之牡丹"，若仅因牡丹根上生苗能分株压条无性繁殖，便不顾它能孕育种子的事实而以雄性名之，未必牵强，只怕难以服众。

其实，又何需询问名从何来，又何必计较是牡丹还是母丹。牡丹，是花王，为国色，名闻华夏千余年，已是不会更改的事实。

也许有人会嫌弃它身上那张花开富贵的世俗标签，但谁又能保证：若身处于牡丹园万紫千红、浓色重彩、花大如斗的花丛中，不会惊叹于牡丹的艳绝尘寰？不会惊讶于园艺家的绿指点化？

千年繁盛不衰，是因人类着力栽培，推陈出新争奇斗艳，姚黄方生魏紫已出，才能自唐至今生生不息，赤橙黄绿青蓝紫，诸色集齐，单瓣复瓣千瓣，花形万变。然而，园艺品种鲜花着锦、烈火烹油的繁华背后，是当代植物学者为野生牡丹发出的呼救：因育种采药之需而过度采集的破坏，导致自然生长的野生牡丹已近濒危。

　　云想衣裳花想容，春风拂槛露华浓。杨玉环的美已归尘土，无从想象。唯愿牡丹那端丽堂皇、摧枯拉朽的美，既能倾国倾城于庭园，亦能野芳长存于自然。

　　　　庭前芍药妖无格，池上芙蕖净少情。

　　　　唯有牡丹真国色，花开时节动京城。

　　　　　〔唐〕刘禹锡《赏牡丹》

牡 丹

Paeonia suffruticosa

芍药科 / 芍药属

风袅芭蕉羽扇斜，云峰苔壁对檐牙。

满城连日黄梅雨，开遍金钗石斛花。

〔明〕杨慎《雨中漫兴柬泓山中溪洱皋》

石 斛

Dendrobium nobile

兰科 / 石斛属

对植物来说，有药用功能不可怕，有滋补效用才更可能招致灭顶之灾。相比人工培育，人类往往毫无理性地笃信野生更佳。高山仙草，古有人形人参，今有铁皮石斛，贪无止境，采采终日，终至濒危。

古人医疗条件欠佳，求药若渴，未免夸大，视石斛为长生草，见之自然如见救星，石斛注定以草药的姿态活在古书里。花朵空有盛世美颜，竟未得到半句歌颂，金钗石斛之名，大概是古人对它美丽花朵的唯一一次赞美。今日医疗技术先进，现代人就不必还抱着古医书不放，执念于仙药灵验了。

属于兰科的石斛，原生种品种不同花色各异，有如兰花般色彩淡雅的轻白淡黄，也有虽鲜妍却并不媚俗的雅粉逸紫，花姿绝美，不逊于兰，故常被称为石斛兰。石斛中国原产虽多，但园艺品种以国外引进为主，花店售卖切花时常用洋兰称呼它，所以古为九大仙草之一的石斛，摇身一变又成为五大洋兰之一。

观赏用的园艺石斛兰花色更丰艳，花葶修长，一葶数条，花朵或如飘逸蝴蝶或似别致金钗，花形绰约，风致嫣然，盆栽瓶供，均能令人对之忘俗，养眼滋心，更胜补品。

一株植物，无花时青葱，有花时妍秀，看到它们，再浮躁的心往往也能渐趋平静，物我两忘。如果书籍是随身携带的避难所，那么植物就是驻足可用的治愈药。但愿现代人只需观赏石斛便能身心舒畅，而不需要野生石斛这剂古老茶汤来拯救。

绰约石斛兰

> 花葶修长，一葶数条，花朵或如飘逸蝴蝶或似别致金钗，花形绰约，风致嫣然。

龟脊羊肠九里汀，芫花灿灿麦青青。

此生不踏江东道，将谓金陵即秣陵。

〔元〕仇远《秣陵》

芫花野灿灿

认识芫花的人不多，见过芫花不知其姓名的人很多，知其姓名不知其形的人也很多。只因，芫花身在田野，鲜少见于园林绿道。芫花乃是药材，医书药方里时常出现。

在鄂中乡下老农眼中，芫花不叫芫花，而唤炒米花。汪曾祺文章提过高邮炒米，似乎是焦黄微糊干巴巴的食物。但鄂中乡下的炒米，莹白松脆，是将糯米蒸熟晒干后再用砂粒炒制膨胀而成，是乡间自制的爆米花。

芫花夏季结实，粒粒椭圆饱满洁白，乍一看就如一串炒米挂在枝头，乡下人走过，随手一捋，便捋得一把炒米在手，食之，清甜。吃过它的果实，嘴软，于是就给它一个名字：炒米花。

芫花长什么样？城里人见不到，没缘相见；乡下人又只

芫 花

Daphne genkwa

瑞香科 / 瑞香属

道太寻常，无人细看。芫花独自静静地开在荒野上，它是早春最早绽放的野花之一，叶未行花先到，自二月末始，枯草秃枝的灌木丛中，陆续冒出一点点轻紫，渐次漫成一簇簇浓紫花团。待到芫花那一枝枝如紫荆花的枝条上，慢慢紫中间绿，乃至花叶并茂时，就已是春意浓郁百花齐放的季节。

一枝便是一根紫穗遮茎的花棒，一丛就成一处姹紫嫣红的花堆。

单朵芫花是一个小小的花萼筒，绽放时顶端四分裂开，放出小小的长萼四分如瓣的花朵，小巧精致秀美。芫花爱扎堆，三五成群簇生，绕枝花开累累，一枝便是一根紫穗遮茎的花棒，一丛就成一处姹紫嫣红的花堆。在田野的野花阵列里，芫花可是很抢眼的，也算是不辱没它作为瑞香属植物的出身。

绕廊紫藤架

苏州拙政园，有一株据传为文徵明所植的紫藤。人已湮没于历史洪流，木仍繁茂于天地之间。四百多年，此株紫藤身处名园，浑忘前尘故人，兀自花开花谢，一树藤萝如瀑，紫烟软漫似梦，引得多少游客驻足赏叹。

若问世间藤花谁最美，可能会有争议。但若说紫藤花开最梦幻，当无人有异议。将紫藤沿道群植再牵引造型，上架成棚，绵延数百米，花期既至，藤花无次第，万朵一时开，千条璎珞蔓垂花雨，百株藤萝花萦紫烟，蔚成光影迷离的紫藤隧道，流光溢彩，无人不为之目眩神醉。

紫藤寿长，花期亦长，晚春初夏花开最盛，盛花期过后，可零星开至仲夏。要观花垂如瀑自然得趁花期，但繁华花事过后若有闲暇，也不妨去领略归于平淡的紫藤花的另一番清新韵致。

> 花期既至，藤花无次第，万朵一时开，千条璎珞蔓垂花雨，百株藤萝花萦紫烟。

白居易叹息：惆怅春归留不得，紫藤花下渐黄昏。唉，何需替春天惆怅，春去春会回，花谢花再开。有形之物，终归腐朽，紫藤寿长，人生苦短，只怕为春天为花朵惆怅叹息的人类才是紫藤架下的匆匆过客。若爱紫藤，对它最好的告白，或许只能是：紫藤架底倚胡床，陪它浮生半日闲。

当然，也有人认为吃花才是对植物最大的致敬。既然餐花食朵向来是中国传统，如果刚巧家有紫藤花，又刚好愿意吃下它，或水焯后凉拌，或裹面粉油炸，蒸紫萝饼做紫萝糕，随君喜欢。反正，但来当春时，犹堪作饼饵，吃紫藤花的事，古人又不是没有干过，今天也不是没有人干。

紫 藤

Wisteria sinensis

豆科 / 紫藤属

绿蔓秾阴紫袖低，客来留坐小堂西。

醉中掩瑟无人会，家近江南卷画溪。

〔唐〕许浑《紫藤》

开时闲淡敛时愁，兰菊应容预胜流。

剩欲持杯相领略，一庭风露不禁秋。

〔宋〕陆游《黄蜀葵》

黄蜀葵

Abelmoschus manihot

锦葵科 / 秋葵属

黄蜀葵，虽名中有蜀葵，但并非开黄色花朵的蜀葵属植物，而属秋葵属。它虽因秋季开花，古时别名秋葵，但亦不是近年来备受推崇的食材秋葵。身为蔬菜的秋葵中文学名实为咖啡黄葵（*Abelmoschus esculentus*），又称黄秋葵，秋葵也只是别名而已。诚如古人所言，黄蜀葵结果大如拇指，长二寸许，也就六厘米左右，并不堪食用。种子、花、根倒可入药。

古时黄蜀葵主要作为观赏之用，庭植一株，翠叶五分深裂，如星芒四射，黄花五瓣密攒，单朵大于碗。因它花色鹅黄带绿，花心檀紫成晕，花瓣纤薄如绢，看来明净复柔软，风致楚楚，惹人生怜，颇有嫩碧浅轻态、幽香闲澹姿，倒也很受文人墨客青睐。

或者，中看不中用总是不行的，更何况论美丽，世间尚有百媚千红，比黄蜀葵美、比它有风韵的花数不胜数，世人不可能只钟情黄蜀葵一种。

> 花色鹅黄带绿，
> 花心檀紫成晕，
> 花瓣纤薄如绢

不知自哪朝哪代起，黄蜀葵渐次消失竟至几近濒危。虽说现今科研人员将之起死回生，作为经济作物在农家大量种植，但较之古代，黄蜀葵已很少作为观赏花卉在园林庭院现身。若要瞧它一眼，尚需等待机缘。

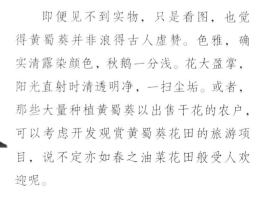

即便见不到实物，只是看图，也觉得黄蜀葵并非浪得古人虚赞。色雅，确实清露染颜色，秋鹅一分浅。花大盈掌，阳光直射时清透明净，一扫尘垢。或者，那些大量种植黄蜀葵以出售干花的农户，可以考虑开发观赏黄蜀葵花田的旅游项目，说不定亦如春之油菜花田般受人欢迎呢。

露凝黄蜀葵

夜闻晚香玉

《钦定皇朝通志》言晚香玉之名，为清帝康熙所取。"晚香玉，种出西域，今京师多种之，花如白玉簪，入晚更香，圣祖赐以今名，并荷天藻题咏。"清帝乾隆也有咏晚香玉的诗数首，"西域传来贵似金，繁滋簇簇满墙阴"，亦指明晚香玉来自异域。

晚香玉原产墨西哥和南美，性喜温暖，更宜南方栽培。乾隆时期官员朱景英在台湾为官三年，其著作《海东札记》便记载："晚香玉……一名月下香，又名雪鸳鸯。此花，中土极珍之，台地丛生如草，土人不甚爱惜，剪之成束，鬻以插瓶。"月下香之名，日本人至今仍在使用。

但不知何故，晚香玉自康熙年间登陆神州，至今三百余年，却一如清时，普及率并不算高。北方尚见种植，南方难觅踪迹，既未成为园艺界的当红花卉，在鲜切花店也仅偶有现身。或许，因它花色花形与白玉簪太过相似，而玉簪作为传统香花地位稳固，它便终难后来居上。同是康熙赐名，较之声名显赫的绿茶品种碧螺春，晚香玉实在寂寞得多。

花白如冰玉，浓香晚尤烈，故而康熙才以晚香玉名之。其实晚香玉丛叶纤长披离，花枝高挑摇曳，枝上六出白花如筒，十余朵簇雪堆玉，实在是很养眼的植物。清人很形象地以佳人喻之：绿裳半裹长腰软，白玉浓堆一鬓斜。难道因这佳人浓香过烈，故此才不太受欢迎？

在温暖地区，晚香玉花期几可全年。若种晚香玉数株于庭，体验一下清人书中所记的"每风露凉宵，月光如水，觉清芬细细袭襟带间"般的优雅清新夜生活，亦是赏心乐事。

丛叶纤长披离，花枝高挑摇曳，枝上六出白花如筒，十余朵簇雪堆玉。

翠羽明珠欲比肩，香生细细月娟娟。

销魂一种梨花梦，莫为横陈薄小怜。

〔清〕朱景英《晚香玉》

晚香玉
Polianthes tuberosa
石蒜科／晚香玉属

瑞草万寿菊

万寿菊来自异域，原产墨西哥及北美，但自来中国后甘之如饴过得甚好。如今举国上下皆可见万寿菊点缀于绿道花坛。至于它的入境时间，大抵可能在清代康乾时期。喜好吟风弄月舞文弄墨的清帝弘历，写过近十首咏万寿菊的诗，其诗句"叶花与菊总无同，色则同黄更带红"，文笔虽差，但点出了万寿菊与菊之差异。

清人得万寿菊而引以为珍，不但予万寿菊以佳名，且很快总结出它的特点：色黄如金，与菊相似，花瓣细簇，光焰夺目，植株大者可开百朵，花开耐久，阅月不凋，自冬历春，鲜芳可爱。但嫌弃它无香，或说它味香而浊。

基本上，清人的描述很到位。万寿菊正因色艳花繁，勤花耐开，才奠定了它今日作为花坛一霸的地位。至于香气，

阶前卉物吐幽芬，底是黄花一派分。
人与佳名当瑞草，天留正色敌炎氛。
几家犹饮南阳水，三载空瞻北阙云。
拟向千秋持献寿，不知堪比野人芹。

〔清〕彭孙遹《万寿菊》

174

只能说正如榴莲有人称异香有人嫌恶臭，气味这东西实在是萝卜白菜各有所爱。万寿菊另有别名臭芙蓉，看这毫不委婉的称呼，就知道清人说无香或香而浊，实在是很客气的措辞。万寿菊之香气是否合君鼻息，只能请君亲嗅以辨了。

万寿菊英文名 marigold，单搜这个单词，往往搜出金盏花的图来，因它俩在英语世界撞了名，金盏花名 pot-marigold。这两种植物花型花色近似，如果只看脸（花朵）的话，确实容易弄混。若肯仔细看看叶子，就知道叶形完全不同，实不至于混淆。

色黄如金，与菊相似，
花瓣细簇，光焰夺目，
花开耐久，阅月不凋，
自冬历春，鲜芳可爱。

万寿菊
Tagetes erecta
菊科 / 万寿菊属

剪秋罗

Lychnis fulgens

石竹科 / 剪秋罗属

可惜轻罗任剪裁，
名传南国向秋开。
未知紫塞多佳种，
杂置嫣红配绿苔。

〔清〕玄烨《咏剪秋罗》

好花名很多，最具诗情画意的堪称此一组：剪春罗、剪秋罗、剪红纱。中国剪秋罗属植物原产七种，除此三者之外，其他四种名中均含剪秋罗，只是前面多添了个限定词。

春罗秋罗堪剪，难道夏罗冬罗就不能裁？剪夏罗也是有的，现代学者认为它就是剪春罗。至于剪冬罗？从前也是有的。明人高濂《遵生八笺》："花有五种，春夏秋冬，罗以时名也。春夏二罗，色黄红，不佳。独秋冬红深，色美……又一种色金黄，美甚名金剪罗。"描述未必准确，但足证古人并不曾歧视冬季，只不过剪冬罗之名早已湮没于历史。

单从文字来看，古人对春夏秋冬四罗以及剪红纱委实是分不清的。不过现代人也是一样，若无图片相佐，遇花也常常确定不了品种。

大抵来说，剪春罗色多橙红，与石竹花相似，花瓣围边不整齐，如刻齿轮，如缕花边，古人"色黄红，用朱标染，五出，瓣有齿如剪"这一描述可谓相当精准。

剪秋罗之名单用，一般指大花剪秋罗，深红色居多，也有白色，每片花瓣往往从中间裂开，自外围向花心深裂约至花瓣的二分之一处，但花瓣围边一般无锯齿，较圆润。

剪秋罗属其他种，花瓣片基本都有不规则的深剪裂。根据裂纹的数量深浅不同，花瓣围边的锯齿形状差异，又分为剪红纱、浅裂剪秋罗、丝瓣剪秋罗等。

遇到剪秋罗属众花，如莫辨花是谁，要怨就怨自然之鬼斧神工吧。谁把风刀剪薄罗，极知造化著功多，剪了软烟罗，又剪霞影纱，剪出一丛丛橙黄深红的羽衣霓裳。

满旬金莲花

如果你钟情户外钟爱远山，如果你亲眼见过北地山麓的夏天，如果你曾立于山坡之上，用双眼用镜头摄下满旬金莲花，你或许就会如同那些喜欢山行的驴友一般，每逢花季，抵制不住心底对远野金莲花的灼热思念，如赴一场异地恋的情人之约，年年启程去到山间。

即便是深居简出的宅民，看到户外爱好者带回的图片，看到那一地铺金、灼灼映日的金莲花，也能瞬间理解驴友对深山林野的渴望与爱恋。因为，那一种野生野放的蓬勃生机与纯净美丽，是人工栽培的任一种花田都难以企及的美，是自然造就的绝佳风景。

清史以为金莲花之名为康熙所取，乾隆时期《钦定皇朝通志》记载："金莲花，佩文斋广群芳谱曰出山西五台山，塞外尤多，花色金黄，七瓣两层，若莲而小，六月盛开，至秋花干而不落，仰蒙圣祖赐名赋咏并荷天藻亲题。"

但，元代人耶律铸有诗两首均提及金莲花，诗句"金莲花旬涌金河，流绕金沙漾锦波"，写花开满旬，如金河似锦波，绝类金莲花漫野流金的景象。以此观之，金莲花之名出于康熙，尚须存疑。

不过康熙确实爱金莲花，将它移植避暑山庄："广庭数亩，植金莲花万本，枝叶高挺，花面圆径二寸余，日光照射，精彩焕目，登楼下视，直作黄金布地观。"且为它作赋写诗，赋言"惟斯卉之挺秀拔众，汇而标奇，感无言于空谷，久掩婷于山陵，移土砧于上苑，沐日月之光曦"，诗云"数亩金莲万朵黄，凌晨挹露色辉煌"，惹得一众儿孙臣子纷纷跟风叫好写诗咏和。

花色金黄，七瓣两层，若莲而小，六月盛开，至秋花干而不落。

178

金莲花

Trollius chinensis

毛茛科 / 金莲花属

金莲花甸涌金河，
流绕金沙漾锦波。
何意盛时游宴地，
抗戈来俯视龙涡。

〔元〕耶律铸《金莲花甸》

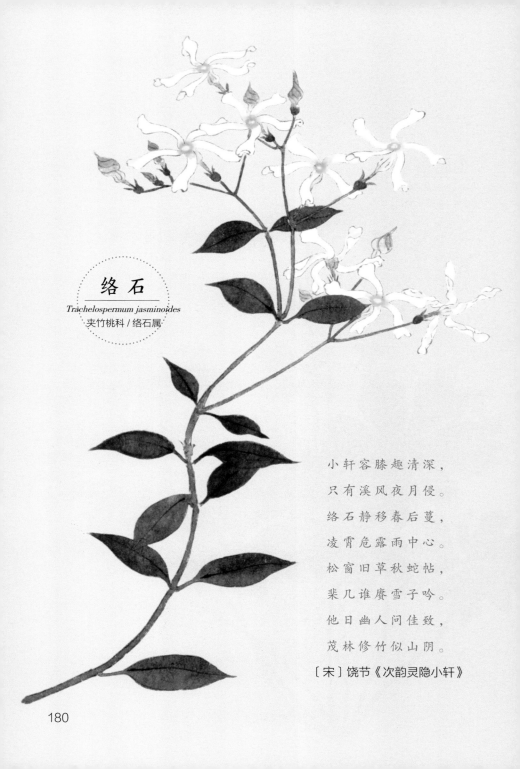

络 石

Trachelospermum jasminoides

夹竹桃科 / 络石属

小轩容膝趣清深，
只有溪风夜月侵。
络石静移春后蔓，
凌霄危露雨中心。
松窗旧草秋蛇帖，
棐几谁赓雪子吟。
他日幽人问佳致，
茂林修竹似山阴。

〔宋〕饶节《次韵灵隐小轩》

若家有庭院，或露台空间足够，园艺家常建议风车茉莉与铁线莲藤本月季同植。不同于藤月和铁线莲的露染胭脂紫重丹繁，风车茉莉藤褐、叶碧、花白、芳香，是另一种令人观之心静的清韵雅致。

风车茉莉，是园艺界依花形花香而叫响的市井别称，其实它的学名更典雅：络石。别称好处在于通俗易懂，观花往往能因名而顿悟植物特点：络石的五出花瓣微卷，绕着一点黄色花心，呈螺旋状，恰如一朵朵小小风车；而它又一如茉莉，花香馥郁。

然而，别称的缺点是易引致混淆。其实络石与茉莉在植物学上没有关系，异科异属，唯一共性：花白且香。不过，也怨不得别称误人，就连络石的拉丁学名，*Trachelospermum jasminoides*，也带着茉莉（Jasmine）的气息。

时下园艺引种的络石多为意大利络石，因叶常青花勤花繁花期长而深受欢迎。中国土生土长的络石，则依旧如空谷佳人，在各地山野林溪，包石络木，缠岩绕树，悠然自得，蔓吐芬芳。数千年间，与它们结缘的，只有采药人。

虽然古人看络石毫不浪漫，只观药效，但倒给了它一个少有人知的美称：云花。深山寂静，络石攀岩直上，白花当真簇拥如云。

邻国日本对待络石很浪漫，亚洲络石（*Trachelospermum asiaticum*）被命名为"定家葛"。定家是人名，藤原定家，定家葛为他死魂所化，纠缠于生前求而不得的恋人墓上，虽经僧人念经点化，仍自不能消散。大抵，在人类看来，藤本植物那般枝蔓缠绕，太类似于人类情感里剪不断理还乱的牵扯羁绊，故才忍不住要附会出一段传奇。

翠菊娇秋色

　　翠菊虽是菊科植物，却自成一属独此一种，独自鲜妍。其叶形与菊花两异，近似马兰、紫菀，花朵则参差绿萼托锦花，灿金花冠居中，周边重瓣繁复，花径大花色艳，紫红玫白黄蓝，诸色齐全，不输于菊。

　　花期夏秋的翠菊，非常耐开，断断续续自五月开到十月，时长几近半年，绿化盆栽切花三相宜，无论是种在路畔栽在花园还是插于案头，都能为生活添一分丽色。人或谓翠菊是最具时尚感的菊科花朵，确有七分道理，较之菊花之古典，紫菀之野趣，翠菊时常出没于现代都市人生活中，是切切实实的都市之花。

　　翠菊也是如假包换的原住民，连拉丁学名也带着中国字样，英文名为 China aster，是中国土生土长的原生植物。在未被园艺培育得千姿百态千变万化之前，它是林野坡地荒草丛中随处可见的野花，狂放不羁，任性生长。

　　所以，又有人说翠菊就是格桑花。传说中的格桑花，其实只是藏语发音的幸福之花，"格桑梅朵"。或许，在高原居民眼中，幸福之花比比皆是，凡沐日浴风而开的花朵，凡高原野地上生机盎然的花朵，都是格桑花。波斯菊如是，翠菊亦如是。

　　在歌德的笔下，翠菊变成了占卜之花，《浮士德》里玛格丽特"采翠菊一朵，将花瓣一片片地摘下……投一瓣喃喃念一声……他爱我——不爱我——"

　　翠菊翠菊告诉我，他到底爱不爱我？据说，翠菊的花语之一是：可靠的爱情。

蓓蕾初舒翡翠英，

绿蕉叶衬似铺琼。

佛螺拟议非唐突，

物物毗卢顶上行。

〔清〕弘历《题金廷标写意秋英

十八种·其十二（翠菊）》

翠菊

Callistephus chinensis

菊科 / 翠菊属

溪荪得地恣芬芳，
三尺挥空剑刃长。
闻道仙人尝采撷，
涧边栽植对朝阳。
〔唐〕吕颐浩《菖蒲涧》

溪 荪
Iris sanguinea
鸢尾科 / 鸢尾属

溪荪两个汉字，
具溪之幽，得荪之芳，
读之如画，宛然在目。

叶条潇洒，花茎窈窕，花朵妖娆，姿态风雅，此十六字放诸鸢尾属众花而皆准。非专业人士若想正确叫出鸢尾属植物的名字，实在有点困难。当然，若能从一众鸢尾花朵中认出溪荪，请以它的姓名呼唤它，因这名字实在是美。

溪，较江河湖海之博大深邃，漾漾泛菱荇，澄澄映葭苇，更为幽静。荪，古香草名，泡露馥芳荪，清芬典雅。溪荪两个汉字，具溪之幽，得荪之芳，读之如画，宛然在目。

溪荪之名，本因生于溪畔水边而得来。相较于耐旱的鸢尾，溪荪喜生湿地，钟爱伴水，错落有致，临溪照影，借水韵发清姿，更具诗情。无怪乎古人不惜入深山溯清溪而来，访之采之：撷层岭之细辛，拔幽涧之溪荪；莫厌禅居萧冷甚，此来一为访溪荪。

但是，溪荪虽爱水却也需要阳光雨露，若林深不见日，溪荪就难以绽放出蓝紫色的花脣。临水畔向阳处，才是溪荪最好的安身立命之所。

溪荪旧时常与菖蒲科的菖蒲混淆，时常共用菖蒲一名。但两者叶虽相似，花形大异，古人也知并非一物："溪荪者，根形气色绝似石昌蒲，而叶无脊。"至今日本人仍保留溪荪在中国古代的别称，称它为菖蒲，它的日本学名"文目"倒相对少用。其实此类古称不保留也罢，鸢尾属诸花本已打成一片难分彼此，菖蒲若再插一脚，那当真是乱上添乱。

有意思的是，鸢尾科在日本却是文目科，显然，在推选鸢尾科当家人时，中日两国做出了不同选择：中国选了鸢尾，而日本选了溪荪。或许这也是一种文化差异吧。

溪荪发紫茸

185

鸢尾迷人眼

　　鸢乃猛禽，亦指风筝。鸢尾，既非鸟尾，亦非风筝，而是植物名。鸢尾属内植物均甚美丽，但容颜近似殊难分辨。

　　鸢尾花美，鸢尾属的汉字花名也美。不妨对比一下也用汉字命名的日本鸢尾花名，看一下谁略胜一筹：鸢尾（*Iris tectorum*），日文名"一初"；玉蝉花（*Iris ensata*），日文名"花菖蒲"；燕子花（*Iris laevigata*），日文名"杜若"；蝴蝶花（*Iris japonica*），日文名"著莪"；溪荪，日文名"文目"。

　　鸢尾英文名为iris，为希腊神话中彩虹女神之名，却并非色彩斑斓如虹，常见仍为蓝紫色，也有白黄等色。鸢尾花型别致，瓣片翻卷飘逸，在一丛丛如碧剑似青带的叶丛中高枝挑出，花朵翩然，如蝶似燕，清新脱俗又浪漫动人。观之如诗，可惜中国古代诗人不咏，见之若画，幸有莫奈梵高笔传光影。

　　初见鸢尾生于水畔湿地，自然以其为水生植物，后又见公路绿化道中央鸢尾丛开，不免惊诧。原来，鸢尾属众芳，脾性不同。有惯于陆生者如鸢尾、蝴蝶花和德国鸢尾等；有爱浅水生者如黄菖蒲、燕子花；也有可湿地陆生或浅水生者如溪荪、玉蝉花、马蔺等。

　　日本称为一初的鸢尾，即玉蝉花，因为耐干旱，古时常被种在茅屋屋顶，以免如杜甫般遇到茅屋为秋风所破的困境。这样做的似乎不仅日本人，法国诗人古尔蒙也写道：他将鸢尾草种在屋顶上和我们的花园中。看来，不知种鸢尾大法的也许只有古人如诗圣杜甫也，故只能哀叹：八月秋高风怒号，卷我屋上三重茅。

他将鸢尾草种在屋顶上

和我们的花园中，

西茉纳，那里有好太阳。

[法] 雷米·德·古尔蒙《冬青》（节选）

鸢尾
Iris tectorum
鸢尾科 / 鸢尾属

溢彩报春花

报春花，是弱草，叶虽肥阔往往匍地，小花纤纤星星点点，在林缘湿地如遇一株，全不起眼，往往就此错过。但若是一丛，丹朱蓝紫热闹非凡，就由不得人不在意了。报春花属，全球五百余种，中国占了半数以上，但并非随处可见，很多报春花，开在无人烟处开在山野间。

既有报春之名，自然是春之信使。拉丁学名中之 *Primula*，即含早春之意。报春花喜温暖，花开虽早，其实并不耐霜冻。清人阮元在其《研经室集》中记，"滇中报春花……花五瓣，小如珠翠之盘，色在浅紫红翠之间，不畏霜雪，冬初即开，凡抽穗至三，即交春矣"，他忽略了云南地界气候温暖，报春花根本不需迎霜抗雪。

寒江水落雁团沙，碧嶂霜余树隐霞。

行客忽惊冬欲尽，道傍初见报春花。

〔明〕刘崧《蒋峰道中》

188

报春花花朵虽小，但是精巧可爱，五心小瓣围成一朵，中间花心一点轻黄，瓣色与花心配色浑然天成，养眼养心。且报春花一枝花葶的伞形花序可挂花十数朵，齐开时蓬成一枝绚丽花球，虽是不起眼的草花，却也能开出自有的一处小繁华。

日本人认为报春花形色皆与樱花相似，故又名之为樱草。其实报春花花色丰富，岂仅樱花粉一种。还是报春花之名，与它那种绚丽烂漫更为匹配。

报春花英文名为 primrose，在英语里，the primrose path（开满报春花的路）意指追求享乐而使人堕落的道路，据说源于莎士比亚的《哈姆雷特》。或许，莎翁亦觉得若沿途长满报春花，那一番春色无边的引逗，可能会令人沉溺于花花世界从而玩花丧志吧。

报春花
Primula malacoides
报春花科 / 报春花属

我踏着初雪信步前行，
心潮迸涌如初绽的铃兰。
黄昏在我的道路上空，
点起了星星的蓝色烛焰。

[俄] 叶赛宁《我沿着初雪漫步》（节选）

铃 兰
Convallaria majalis
天门冬科 / 铃兰属

190

花之世界，谁最清新？当仁不让，应为铃兰。碧叶舒展如罗带，白花盈雪悬玉铃，暗香隐隐，幽花淡淡，闲对一株铃兰，确实能涤尽心中万丈红尘，蝉蜕尘埃外，蝶梦水云乡。

一直以为铃兰是完全属于西方的植物，没想到中国也是它的原生领域。可是，铃兰在中国几乎无人记载，几无片纸点墨可寻。铃兰既生于中国的山林野地，在过去的漫漫数千年间，它究竟被冠以何名？鹿铃草，抑或铃铛花？如果没有文字以证，大概就只有历史自身才知道它的古姓名。

相对于在中国文献中身影难寻，铃兰在西方受尽宠爱，法国有铃兰花节，英国人夸它是谷中百合（lily of the valley），且给了最美好的花语：幸福归来，铃兰于是理所当然成了最受欢迎的新娘捧花之一。

只是，相较于婚姻，铃兰实在简单太多了。也许每个新娘都曾想过以铃兰般恬淡清新的姿态开启婚姻的大门，但却并不是每段婚姻都真的等于幸福归来。也许到最后，总有那么几段会演变成铃兰的别名"淑女之泪"（lady's tears），徒叹人生若只如初见。

不过，即便在植物的世界里，也不是所有美丽的配对就一定能幸福收场。如果让铃兰嫁与丁香或是水仙，要么是丁香独自黯然神伤，要么是铃兰与水仙在彼此的香气中互相消耗两败俱伤。

也许，人类婚姻，亦如植物间存在的相爱相杀一般，需要择取同类，需要脾性相投、三观一致，才能如铃兰花语般从最初到最后一直一直幸福归来。

一捧铃兰雪

碧叶舒展如罗带，
白花盈雪悬玉铃，
暗香隐隐，幽花淡淡。

紫斑风铃草

播下风铃草种子，初夏，开出一盆又一盆的蓝紫色铃铛，总忍不住疑心：风过处，它们会以人耳所不能察觉的音速泠泠作响。那曲调，是与夏季相匹配的热情洋溢，还是与花色相类似的忧伤蓝调？

风铃草开遍全球有人烟的地方，夏风过处，是否整个地球都是风铃草在不为人知地合唱？即使它的铃声人类听不到，人类仍要一年又一年播下它的种子，浇灌它的幼苗，等待它开出一朵又一朵浅蓝深紫淡粉雪白的可爱小铃铛。

> 想想夏夜
> 点点萤火虫明灭闪烁于
> 风铃草花冠之间的景象，
> 已觉得野趣盎然。

风铃草属家族庞大，原生种约五百种，中国虽非风铃草大户，却也拥有近二十种。

不似原产南欧的风铃草般铃铛朝上笑口常开，作为中国原产风铃草之一的紫斑风铃草（*Campanula punctata*）铃铛悬吊下垂。相较于珠圆玉润精巧柔美的南欧风铃草，紫斑风铃草钟形更为纤长，花冠上紫斑点点，别致耐看，是北至东北内蒙、西至陕晋川甘、中原如鄂豫等地，都可以寻觅到身影的户外野花。

日本称紫斑风铃草为"萤袋"，想想夏夜点点萤火虫明灭闪烁于风铃草花冠之间的景象，已觉得野趣盎然，很是动人。只是这番画面，大抵只能存在于想象，或是再现于动漫。且不说紫斑风铃草多生野外，少见踪迹，在土地池塘均为农药所污染的今天，萤火虫已不再是夏夜常见的风物诗。

紫斑风铃草也好，萤火虫也罢，均需且看且珍惜。

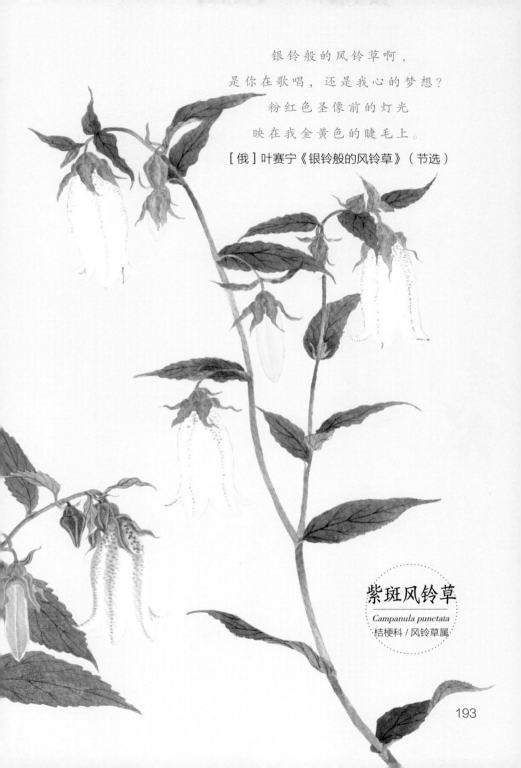

银铃般的风铃草啊，

是你在歌唱，还是我心的梦想？

粉红色圣像前的灯光

映在我金黄色的睫毛上。

[俄]叶赛宁《银铃般的风铃草》（节选）

紫斑风铃草

Campanula punctata

桔梗科 / 风铃草属

花飞六月雪

华南有没有雪？有，六月雪。六月花盛放，白花繁若雪，是为六月雪。不知从何时起，六月雪成为常见的道旁绿篱，或许因为修剪得厉害，少见花开满枝，但见一丛丛带着光泽的绿叶常青青。如品种为金边六月雪，则叶缘镶一道浅浅金黄围边，淡金镶碧翠，尤为惹眼，即便没有花开，叶亦自成风景。

六月雪，中国人闻其名，往往先想起关汉卿笔下的窦娥。这一次，人类倒未在它身上附会窦娥含冤而死化身为此的传说。

日本人称六月雪为"白丁花"，因为花为白色而味似丁香，故得此名。同以汉字命名，在这一回合的花名较量中，应是中国的六月雪更具韵味，含笑胜出。

六月雪

Serissa japonica

茜草科 / 白马骨属

六月开细白花，

树最小而枝叶扶疏，

大有逸致，可作盆玩。

〔清〕陈淏子《花镜》（节选）

虽然名中既有白又有雪，但六月雪并非全开白花，也有淡红淡紫，或花蕾淡紫花开转白。只不过它花小细碎，红紫轻淡，即使不是白色，远望之也如白雪满枝。六月雪花朵虽小，也有重瓣，只是反不如单瓣花清新雅致。单瓣花朵，锥形花冠常裂为五瓣，但也有六出花，故不能以五瓣六瓣作为六月雪的判断标准。

清代园艺学家陈淏子在《花镜》中写道："六月雪，一名悉茗，一名素馨，六月开细白花，树最小而枝叶扶疏，大有逸致，可作盆玩。喜清阴，畏太阳，深山丛木之下多有之。春间分种，或黄梅雨时扦插，宜浇浅茶。"除悉茗、素馨两名均为素馨花所有之外，其他描述倒均与六月雪符合。不过，若真如古人所言，以稀释后的茶水浇灌，却也奢侈太过，估计六月雪未必愿意天天吃此豪华大餐吧。

如品种为金边六月雪，
则叶缘镶一道浅浅金黄围边，
淡金镶碧翠，尤为惹眼，
即便没有花开，叶亦自成风景。

195

武陵渔父入芳林，
却讶朱鬐胃绿阴。
缀萼鳞鳞桃浪起，
悬枝围围雨丝沉。
看花谁下前鱼泣，
食客空余射柳心。
何用攀条更垂钓，
五侯门外正春深。

〔清〕彭孙贻《柳穿鱼》

柳穿鱼

Linaria vulgaris

车前科 / 柳穿鱼属

一枝柳穿鱼

古人看柳穿鱼，花心异色如鼓眼，花管尖距似细尾，花朵簇生成串，有如鱼贯而行，宛似一枝柳条穿起金鱼若干，是以才给了它这个主谓宾齐全的句式作为名字。

现代人抱怨深夜不宜看柳穿鱼的图片，不管看图还是念名字都会觉得饿。若花朵是白花黄心，深夜饥肠辘辘之际，饿眼看花，便活脱脱看成柳穿荷包蛋。至于柳穿鱼之名，念来念去就会勾起所有与鱼相关的菜名。披却蓑衣翁自渔，青荷包饭柳穿鱼。垂钓过后，柳枝穿鱼，分明就应该拎回家，佐以油盐姜蒜，煎烧煮烤，端上桌大快朵颐。

真遗憾，尽管人类对着柳穿鱼三字浮想联翩，身为植物的柳穿鱼却并不堪食用。它能供人类饱餐的，仅有秀色而已。

《镜花缘》里说柳穿鱼一名"二至花"，此别名因何而来？清人陈淏子所撰的《花镜》里有答案：其花发于夏至，敛于冬至，故名二至花。柳穿鱼确实花开耐久，一般而言花期约略自六月可至九月，但若说在户外能持续开到冬至，只怕应属特例而非常态。

披却蓑衣翁自渔，
青荷包饭柳穿鱼。

虽然中国有原生柳穿鱼数种，但它在中国远称不上大众花卉，知之者甚少。它倒曾蒙过皇恩，被写过无数首咏花诗的清乾隆帝诌过七绝一首，众所周知弘历文采一般，所以对着"粉红花穗似赪鱼，叶若垂杨上贯诸"这样拙劣的句子，柳穿鱼就不必叩谢皇恩了。

的确，在靠天吃饭的农耕时代，在动辄饥荒的古老岁月，在饥饿的中国古人眼中，耧斗菜不是花，而是菜，是逢灾年遇荒岁无米可炊的日子里聊胜于无的救荒本草，尽管现代科学证明它的花叶均带毒素，但在活下去的本能面前，毒这种副作用也许已不算什么。

当人们结束与饥饿的缠斗，不再将世间万物均视为果腹之物，耧斗菜别致美丽的花朵才终于得以进入人类的审美视线，成为物质丰足后幸福生活的附丽之物。

想得到一盆耧斗菜并不难，它既耐阴又耐寒，在苦寒的中国北域尚且能野生野长，更何况生长在人类的呵护之下。只需按自己所好，选择钟爱的品种，从园艺店购买一袋种子，春天播种，沐以阳光雨露，飨以沃土肥水，夏季就能收获一盆灵动精巧的花朵。

耧斗菜花朵美丽，造型奇特，花茎高挑，花盘微垂，花萼翩飞舒展，花瓣直立环拱，花药灿金烁锦。它是天生的配色高手，萼瓣蕊颜色相异，或渐变或参差或撞色，花色明快而又层次感十足。即使是单瓣花，也是一朵自然而生的绚彩调色盘，既简单又丰富。

园艺种耧斗菜，有许多为重瓣。重瓣的花自是有人钟爱，可是若说重瓣花一定美于单瓣，未必人人都会同意。繁复虽美，简洁有时反而更显风流蕴藉，野生耧斗菜的单瓣花朵，那一种俯垂与翻卷的玲珑别致、娇羞又张扬的自在姿态，也许才是它最美的样子。

精巧耧斗菜

楼斗菜，生辉县太行山山野中，
小科苗就地丛生，苗高一尺许，茎梗细弱，
叶似牡丹叶而小，其头颇团，味甜救饥，
采叶炸熟，水浸淘净，油盐调食。

〔明〕朱橚《救荒本草》（节选）

楼斗菜

Aquilegia viridiflora

毛茛科 / 楼斗菜属

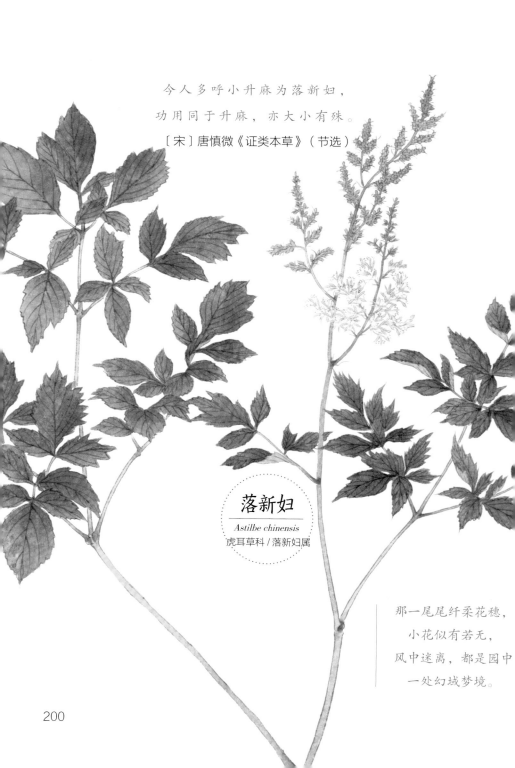

今人多呼小升麻为落新妇，
功用同于升麻，亦大小有殊。
〔宋〕唐慎微《证类本草》（节选）

落新妇
Astilbe chinensis
虎耳草科 / 落新妇属

那一尾尾纤柔花穗，
小花似有若无，
风中迷离，都是园中
一处幻域梦境。

2018 年，英国梅根王妃的婚礼捧花捧红了落新妇。在此之前，它基本属于仅在园艺相关领域内为人所知的植物。既然因英国王室婚礼而知名，人们便会想当然地以为落新妇又是外来的西方之花，但并不是。

落新妇属存世约十八种，中国占了七种，它实是原生于亚洲与北美的植物，落新妇之名早在宋代书籍就已出现，只不过在中国，更多时候，它以升麻或小升麻之名，出没于中医书籍中。而在与汉文化密不可分的邻国日本，至今仍以泡盛升麻、鸟足升麻等名称呼落新妇属植物。

或许因它花穗影影绰绰、朦朦胧胧、如雾如烟、过于梦幻，吻合婚礼那如梦般幸福的氛围；又或许因它之中文花名，有如形容新妇自天降落，正大仙容、淹然百媚。在未因王室婚礼而成名之前，中国花艺界早已喜用它作为新娘捧花。毕竟，它还有个与婚礼无比匹配的寓意美好的花语：我愿清澈地爱着你。

作为庭院花卉，落新妇也是花境的加分添彩之物。到得落新妇花季，无论是花开纯白还是穗晕淡粉，那一尾尾纤柔花穗，小花似有若无，风中迷离，都是园中一处幻域梦境，花非花，雾非雾，撩人心弦。虽因王室婚礼而知名，但其后落新妇在园艺与切花世界备受关注与喜爱，却是凭实力说话。

如果你同我一般，在知晓落新妇之前，已知世间尚有一种毒蜘蛛，中文名为络新妇，且又非常不幸地读过日本推理小说《络新妇之理》，再见落新妇时，脑袋里总会有点不太美好的联想。

好在，对名字再怎么有好恶，人类终究会明白植物就是植物，花美，便值得盆栽养之，切花供之，结婚捧之，含笑看之。

谁家落新妇

绘者介绍

　　毛利梅园（1798—1851），日本江户后期博物学家。本名元寿，别号梅园、写生斋等。诞生于江户筑地。二十余岁开始热衷博物学，有大量精美的动植物写生图存世。

　　《梅园草木花谱》分为春夏秋冬全十七帖，共收录1275品植物。毛利梅园的作品因其实物写生的特点，成为了解动植物的上佳资料，又因其构图与色彩之美，令其足以作为艺术品供人欣赏。

图书在版编目（CIP）数据

花开不记年/徐红燕著;（日）毛利梅园绘. —上海：上海科技教育出版社,2021.4（2023.10重印）

（草木闲趣书系）

ISBN 978-7-5428-7486-3

Ⅰ. ①花… Ⅱ. ①徐… ②毛… Ⅲ. ①花卉—普及读物 Ⅳ. ①S68-49

中国版本图书馆CIP数据核字（2021）第029476号

责任编辑　王怡昀
封面设计　Dr. HOW
版式设计　曾　刚　陈　丹

草木闲趣书系

花开不记年

徐红燕　著

［日］毛利梅园　绘

出版发行　上海科技教育出版社有限公司
　　　　　（上海市闵行区号景路159弄A座8楼　邮政编码201101）
网　　址　www.sste.com　www.ewen.co
经　　销　各地新华书店
印　　刷　上海颛辉印刷厂有限公司
开　　本　890×1240　1/32
印　　张　6.75
版　　次　2021年4月第1版
印　　次　2023年10月第5次印刷
书　　号　ISBN　978-7-5428-7486-3/G·4387
定　　价　68.00元